北京高等学校优质本科教材

安继芳 侯爽 编著

多媒体
技术与应用

第2版·微课版

U0214224

清华大学出版社

北 京

内 容 简 介

《多媒体技术与应用》(第 2 版·微课版)在第 1 版的基础上对教材内容做了大幅修改。以多媒体技术的应用现状为基础,设计和组织了 5 章内容。第 1 章是"初识多媒体技术",接下来是"音频获取与处理""图像获取与处理""动画设计与制作""视频获取与处理"4 个模块的教学与实验内容。每个模块通过"基础理论→基础实验→进阶实验→扩展实验"的层层推进,带领学生理解多种媒体信息的数字化过程及原理,并分别以 Adobe 系列软件 Audition、Photoshop、Animate、Premiere Pro、After Effects 为实验工具,带领学生熟悉主流多媒体处理工具软件的使用,综合运用多种技术完成多个新颖实用的实验,为学生的实际生活及未来工作助力。

本书理论精炼,注重应用,配套习题,以图文方式详细讲解实验全过程,并配套相应的实验素材、实验讲解微课视频及多元教学资料。

本书适合作为应用型本科院校、高等职业院校相关课程的教学用书,也适合多媒体技术爱好者作为参考用书。

图书在版编目(CIP)数据

多媒体技术与应用:微课版/安继芳,侯爽编著.
2 版. -- 北京 :清华大学出版社,2024.8. -- ISBN
978-7-302-67027-8

Ⅰ. TP37

中国国家版本馆 CIP 数据核字第 2024SK9951 号

责任编辑:张　玥
封面设计:常雪影
责任校对:李建庄
责任印制:沈　露

出版发行:清华大学出版社
　　　网　　　址:https://www.tup.com.cn,https://www.wqxuetang.com
　　　地　　　址:北京清华大学学研大厦 A 座　　　　　　邮　　编:100084
　　　社 总 机:010-83470000　　　　　　　　　　　　邮　　购:010-62786544
　　　投稿与读者服务:010-62776969,c-service@tup.tsinghua.edu.cn
　　　质量反馈:010-62772015,zhiliang@tup.tsinghua.edu.cn
　　　课件下载:https://www.tup.com.cn,010-83470236
印 装 者:三河市龙大印装有限公司
经　　销:全国新华书店
开　　本:185mm×260mm　　　印　　张:16.25　　　字　　数:374 千字
版　　次:2019 年 11 月第 1 版　　2024 年 8 月第 2 版　　印　　次:2024 年 8 月第 1 次印刷
定　　价:59.80 元

产品编号:105116-01

第 2 版前言 *foreword*

《多媒体技术与应用》第 1 版已经出版 5 年了,曾获评 2020 年北京市高校优质本科教材。这 5 年里,世界在变,科技在进步,多媒体技术领域也涌现出许多新的研究成果和技术突破。这本适用于应用型本科院校的教材需要紧跟时代发展的步伐,与时俱进,更新迭代。

为此,我们不断改进和完善教学与实验内容,尝试教学改革,分别开展了网络学堂、微课、SPOC、MOOC、移动端教学平台和新形态教材的建设与改革,深入研究了最新的技术动态,广泛征询了各方的意见和建议,对教材进行了全面的修订与升级。

这一次改版保留了原有内容架构和编写特色,并融入许多新的知识点和实验设计,使教材内容更加丰富、全面。本书具有以下特色:

1. 全新微课版新形态教材

本教材是微课版新形态教材,教材中的所有实验均配备实验讲解微视频,读者用移动端设备扫描二维码即可观看微课视频。

2. 配套中国大学 MOOC 平台开放课程

本教材依托中国大学 MOOC 平台,构建了内容完备的开放课程。MOOC 的教学内容与教材完全匹配,读者可登录中国大学MOOC 平台查询同名课程选课学习。

3. 模块化内容和递进式实施

本教材包括"音频获取与处理""图像获取与处理""动画设计与制作""视频获取与处理"4 个模块的教学与实验内容,每个模块通过"基础理论→基础实验→进阶实验→扩展实验"的层层推进,带领读者理解多种媒体信息的数字化过程及原理。授课教师可根据需要选择模块实施教学。

4. 新颖实用的实验内容

本教材以实际应用为出发点进行设计,并以主流的 Adobe 系列软件 Audition、Photoshop、Animate、Premiere Pro、After Effects 为实验工具,帮助读者熟悉主流多媒体处理软件的使用,综合运用多种技术处理数字化音频、图像、动画及视频等多媒体元素。教材中所有实验都是经过数轮筛选、去粗取精之后保留的最有实用性、最具代表性、最能引发学生学习兴趣的实验内容。

5. 实验全过程讲解，语言描述简练易懂

本教材为每个实验设计了实验要求、实验目的及预备知识，并配备图文并茂的全过程讲解，语言描述简练易懂，适合应用型本科院校学生及多媒体技术爱好者使用。

6. 提供配套教学文件及资料

本教材配备教学大纲、教案、电子课件、习题及答案和实验素材等教学文件及资料，供教师教学过程中选用。读者可从清华大学出版社网站本书页面下载。

本教材由安继芳执笔，侯爽老师参与了教学改革及实践工作。编者在编写过程中参考了互联网上公布的一些相关资料，由于内容较多，引用复杂，没有一一注明原出处，在此声明，原文版权属于原作者。其他参考文献列于书后。

由于作者水平有限，书中难免存在疏漏和错误之处，希望读者批评指正，以期修订更新。

本教材的出版获得了北京联合大学 2023 年教材出版资助，在此表示衷心感谢。

编　者

2024 年 4 月 30 日

第1版前言 foreword

多媒体信息的应用已遍及教育、电子出版、家庭、商业、广告宣传等社会生活的各个方面。文本、音频、图形、图像、动画、视频等都是多媒体产品的基本要素,多媒体技术就是利用计算机综合处理这些基本要素的技术。多媒体技术的应用从根本上改变了人们的时空观念以及学习、工作和生活方式。随着社会信息化步伐的加快,多媒体技术的应用前景将更加广阔。

本书以多媒体技术目前的实际应用为基础,设计和组织全书内容。全书包括"音频获取与处理""图像获取与处理""动画设计与制作""视频获取与处理"四大模块的教学与实验内容,每个模块通过基础理论→基础实验→进阶实验→扩展实验的层层推进,带领学生理解多种媒体信息的数字化过程及原理。以 Adobe CC 系列软件 Audition、Photoshop、Animate、Premiere、After Effects 为实验工具,使学生熟悉主流多媒体处理软件的使用,综合运用多种技术处理数字化音频、图像、动画及视频,为学生的实际生活及未来工作助力。

在数轮授课过程中,本书编者不断改进教学内容和教学方法,力图以更加精简的理论为基础,设计更加有吸引力的实验环节,串联起更加明晰的教学主线,让学生构建起多种媒体的综合处理技术。学生在这门课程中成为勤动手、爱动手、会动手的参与者,通过动手加深对数字化技术的理解,更好地应用多媒体技术,跟上时代发展的步伐。

本书编者从 2012 年开始使用指定教材与自己编写的讲义相结合的方式进行授课,2013 年开始全部采用自己编写的讲义,教师自编的讲义与课程完全适配,学生认可度高,而且通过学生的实践不断地更新和修改,讲义内容越来越完善。此次将这本已经在实践中凝练而成的讲义正式出版成书,为更多教师和学生所用。

本书的编写有以下特点:

第一,设计新颖实用的实验环节。

本书不以理论为出发点,而以实际应用为出发点进行设计。学生一看就知道将来的生活和工作中会用到，才能真正有兴趣并投入地去完成任务。本教程中的所有实验环节，都是经过数轮层层筛选、去粗取精之后保留最具实用性、最具代表性、最能引发学习兴趣的实验环节。

第二，实验全过程讲解，语言描述避开艰涩技术词汇。

多做才能会做，本教程为每个实验环节设计实验要求，并配备图文并茂的讲解，学生可以在课上通过跟练逐渐熟悉多媒体应用技术，也可以在课下按照讲解自行练习。语言描述尽量避开艰涩的技术词汇，提高学生的阅读效率和兴趣。

第三，配备辅助教学平台及多元化学习资料。

本书配备网络辅助教学平台，并提供素材下载地址及视频观看二维码，学生可下载实验素材或手机扫码观看实验操作视频，满足跨时间和空间的学习需要。

第四，提供齐备的教师教学文件及资料。

本书配备教案和教学课件，供教师备课及教学使用，读者可联系编者获得。

对选用本书的教师，编者有以下教学建议：

知识传授与价值引领是育人的基本实现形式。作为一门新技术类课程，要在细微处充分体现其育人功能。在本课程的授课中，突出显性教育和隐性教育相融通，从而实现课程思政的创造性转化。具体可从以下三个方面体现：

第一，课程应采用全过程化考核，每次课程都要按时限提交结果，教师都应按期完成评判及打分，这种积累的过程是一种难得的锻炼，体现"过程就是结局"的理念。

第二，天道酬勤，与时俱进：课程教学采用的技术及软件工具更迭迅速，教师应不断更新教学内容及实验设计，带给学生最新知识，体现"与时俱进"的思想。

第三，在课程的多媒体技术作品中体现出的爱国情怀、法律意识、社会责任、文化自信、人文精神等要素，使这些数字化多媒体作品成为核心价值观教育最具体、最生动的有效载体，体现学生丰富的精神世界，打造他们更美好的思想世界及精神家园。

通过本课程的学习，预期达到以下学习成果：使学生了解文本、音频、图形、图像、动画、视频等多媒体基本要素的数字化原理及过程；掌握使用主流多媒体工具软件处理多媒体要素的方法；掌握综合应用多媒体处理技术建立多种媒体信息之间的联系，并创建人机交互式信息交流与传播媒体。这些学习成果会提升相关工作所需的理论知识与实践能力，并提升学生适应发展的能力以及终身学习能力。

本书面向应用型本科所有专业、高等职业技术的信息技术类相关专业，以及希望使用信息技术解决生活中的多媒体技术需求的人士。

本书由安继芳主笔，侯爽参与了本课程的教学改革及实践工作。编写过程中参考了互联网上公布的一些相关资料，由于互联网上的资料较多，无法一一注明原出处，故在此声明，原文版权属于原作者。其他参考文献列在本书后。

由于作者水平有限，书中难免存在疏漏和不妥之处，希望读者批评指正，以期修订更新。编者邮箱地址：ann@buu.edu.cn。

编　者

2019 年 4 月

目录

contents

第 1 章

初识多媒体技术

本章学习目标:

- 理解媒体、多媒体、多媒体技术的基本概念。
- 认识多媒体技术处理的媒体类型。
- 了解多媒体技术的关键技术。
- 理解多媒体系统的完整结构。
- 了解多媒体技术的发展历程。
- 探讨多媒体技术未来的发展趋势。
- 准备必要的基础知识。

1.1 多媒体基本概念

1.1.1 媒体

顾名思义,"多媒体"就是多种"媒体"。那么,什么是"媒体"呢?

在日常生活中,"媒体"这个词有非常宽泛的应用。例如,人们平时生活中负责采集、编辑和发布新闻信息的新闻媒体;通过用户自发分享的方式传递个人观点、意见、新闻和其他信息的社交媒体;用于推销商品或服务,吸引消费者关注和购买的广告媒体;还有用于传递各种形式的艺术和文化信息为用户提供娱乐和消遣的娱乐媒体等。以上这些"媒体"是根据传播内容来划分的,而多媒体技术并不是研究这些的。

在计算机技术领域,媒体(media)可以定义为信息的载体。U盘可以存储信息,它就是一种存储媒体;光纤可以传输信息,它就是一种传输媒体;显示器可以显示信息,它就是一种显示媒体;字符可以使用 ASCII 编码或 UTF-8 等编码来表示,这种编码就是一种表示媒体;图像中包含使人的视觉感官感受到的信息,它就是一种感觉媒体。如果按照这些传播方式来分类,媒体主要可以分为存储媒体、传输媒体、显示媒体、表示媒体、感觉媒体等。但是,多媒体技术并不广泛研究所有这些媒体类别,而是把研究的范围缩小到其中一类媒体——感觉媒体。

1.1.2 感觉媒体

感觉媒体就是指直接作用于人的感觉器官,使人产生直接感觉的媒体。比如引起听

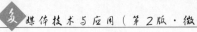

觉反应的声音、引起视觉反应的图像等。人们在多媒体技术领域所说的"媒体"，仅指这样一个比较小的范围，即感觉媒体，也就是那些能够由人的感觉器官感受到的信息的载体。

人类是通过感觉器官感知信息的。感知信息的主要途径包括视觉、听觉、嗅觉、味觉、触觉，也就是我们的五大感官。根据美国哈佛商学院相关研究人员的研究，视觉是人类感知信息的主要渠道，占比高达83%；听觉次之，占11%。可以看出，视觉和听觉在人类的感知系统中占据主导地位。嗅觉、触觉和味觉占据较小的比例，分别是3.5%、1.5%和1%，如图1-1所示。通过视觉感知信息时，文本、图像、视频都是可视的媒体；通过听觉感知信息时，语音、音乐、噪声都是可听的媒体。这些直接作用于人的五大感官，使人产生直接感觉的文字、符号、语音、音乐、声音、噪声、图形、图像、动画、视频、温度、气味、味道……就是多媒体技术领域里所说的"媒体"。

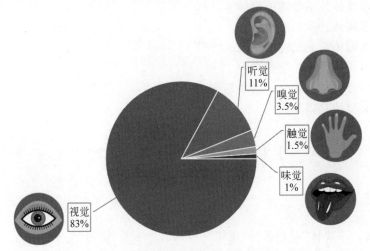

图1-1　人类从不同感官渠道感知信息的比例

正是由于视觉和听觉感官是人类最主要的信息获取渠道，因此目前的多媒体产品更多的表现为视听结合的形式。同时因技术所限，多媒体在触觉、味觉、嗅觉等媒体的表现上尚不充分，有待发展。

1.1.3　多媒体

多媒体（multimedia），从字面简单理解为多种媒体的综合。按照上面对多媒体技术领域"媒体"一词的理解，多媒体可以具体定义为：融合两种或者两种以上感觉媒体的一种人机交互式信息交流和传播媒体。多媒体强调的是使用多种感觉媒体综合表达信息内容并进行交互式处理。

当计算机能够像人类一样拥有多种感知信息的途径，并可以把两种或两种以上感觉媒体融合到一起，形成多种感觉媒体综合的表现形式时，从一般意义上来说，就可以称其为"多媒体"了。但从更严格意义上来说，多媒体是融合两种或者两种以上感觉媒体的一种人机交互式信息交流和传播媒体，融合的要素中需要有静态（与时间无关）媒体和动态

（与时间有关）媒体，才称其为真正的"多媒体"。有时候，如果仅仅是把文本、图形或图像两种静态的媒体要素融合在一起，称其"多媒体"还较为勉强。

我们平时用的多媒体教学课件不仅提供静态图文的视觉信息，还融合了语音和音乐等动态的听觉信息，能够声像并茂地展示教学内容，这就是典型的多媒体应用。我们也可以设想，当打开一页多媒体教学课件时，不仅看到了图文、动画、视频，还听到了声音，闻到了淡淡的花香，尝到了酸酸甜甜的味道，感受到了一阵清风吹过，这时，我们的 5 种感官都同时感受到了信息，全方位地体会到身临其境的真实感受，这时就是最高端的多媒体状态了。

当然，基于目前科技发展的状态，计算机的"触觉""嗅觉"和"味觉"感官还没有那么发达，把这些感觉媒体都结合到一起，形成更加复杂的多媒体产品是未来的发展方向。现在，主要还是"视觉"和"听觉"两种感觉媒体结合的多媒体产品更为普遍。

1.1.4　多媒体技术

1. 数字媒体技术

多媒体技术是计算机技术的组成部分，是基于计算机技术发展起来的。多媒体技术处理的媒体是通过计算机存储、处理和传播的数字媒体，也就是以数字化形式 0 或 1，即信息的最小单元比特（bit）来表示的媒体。

2. 多媒体技术处理的媒体类型

人类能够将感觉器官所获得的信息传达到大脑，如图 1-2 所示，这些媒体信息类型是多种多样的。计算机也能够使用数字化技术将这些感觉媒体的信息获取为数字化文件，存储在计算机中。其中，文本、图形、图像、音频、动画、视频等是目前多媒体技术处理的常见媒体类型，而另外一些媒体类型，如温度、味道、气味等，这些媒体类型的数字化获取与处理还有待进一步发展。

图 1-2　多种多样的媒体类型

（1）文本：包括文字和符号等。可以采用文字编辑软件存储为数字化文本文件，或者使用图形图像处理软件存储为图形或图像文件。

（2）图形/图像：图形通常由计算机绘制的直线、圆、矩形、曲线、图表等外部轮廓线条构成，这些线条可以形成矢量图，适用于描述轮廓不很复杂、色彩不是很丰富的对象，如几何图形、工程图纸、CAD、3D造型等。图像是以位图方式数字化到计算机中的静态图像，可以对其进行不同形式的压缩，实现图像的存储和传输。

（3）音频：人类能够听到的声音，经过数字化处理后存储在计算机中，采用不同的压缩格式可以得到不同的音频文件。

（4）动画：一系列静态图像的连续播放能够产生动态的视觉效果。在计算机中，可以使用逐帧或补间等方式产生人为制作出来的动态效果，并保存为多种文件形式，以适应不同平台的应用。

（5）视频：实拍的方式获得的动态图像序列。可以采用不同的压缩方式获得数字化视频文件，并且经常将视频信息和音频信息封装在一起进行存储，以方便同时播放。

在上述这些媒体类型中，包含与时间无关的静态媒体：文本、图形、图像；也包括与时间有关的动态媒体：音频、动画、视频。

当把这些数字化的媒体文件放到计算机中，计算机不仅有独立处理每一种媒体类型的能力，也可以将它们集成到一起，形成更丰富的多媒体产品。

3. 多媒体技术的定义

多媒体技术（multimedia technology）就是将文本、图形、图像、动画、音频和视频等多种媒体信息通过计算机进行数字化采集、获取、压缩、解压缩、编辑、存储等加工处理，使多种媒体信息建立逻辑连接，集成为一个系统，并具有交互性的技术。简而言之，多媒体技术就是利用计算机综合处理媒体信息的技术。

4. 多媒体技术的关键技术

（1）压缩与编码技术。

多媒体数据包括文本、图像、音频和视频等多种形式的信息，通常数据量庞大。如果不进行压缩处理，会占用大量的存储空间和传输带宽，给多媒体应用带来不便。压缩与编码技术可以减小数据量，提高数据传输效率，节省存储空间，为多媒体应用的发展提供有力的支持。

（2）数字音频技术。

数字音频技术包括声音采集及回放、声音识别技术、声音合成技术、声音剪辑技术等。

（3）数字图像技术。

数字图像技术包括图像的采集和数字化，对图像进行滤波、锐化、复原、矫正等操作，对图像进行显示、打印等。

（4）数字视频技术。

数字视频技术包括视频采集及回放、视频编辑、三维动画视频制作等。

（5）多媒体通信技术。

多媒体通信技术包括多媒体同步技术、多媒体传输技术等。

（6）多媒体数据库技术。

多媒体数据库是数据库技术与多媒体技术结合的产物。它不是对现有数据进行界面上的包装，而是从多媒体数据与信息本身的特征出发，考虑将其引入到数据库中后带来的有关问题。

（7）超文本和超媒体技术。

超文本是指将文本中遇到的一些相关内容通过链接组织在一起，用户可以很方便地浏览这些内容。而超媒体则不仅包含文本，还可以包含图形、图像、动画、声音和视频等，这些媒体之间也是用超链接组织的。

（8）虚拟现实技术。

虚拟现实技术是一种多源信息融合的、交互式的三维动态视景和实体行为的系统仿真，使用户能够沉浸到该环境中。理想的虚拟现实应该具有一切人所具有的感知功能，是多媒体技术的高端阶段。

5. 本书涉及的多媒体技术

作为计算机技术的组成部分，多媒体技术综合了计算机、图形学、图像处理、影视艺术、音乐、美术、教育学、心理学、人工智能、信息学、电子技术学等众多学科与技术。

多媒体技术处理的对象均采用数字形式存储，形成相应的数字化文件，其他领域的单纯事物，例如音箱音响、存储介质、胶片影片、拍摄装置等，均不属于本教材多媒体技术讲解的范畴。

在本教材中，为了适应应用型本科院校的教学需求，对多种多媒体技术的关键技术进行了选择，从单一媒体的数字化原理出发，再选择主流的应用软件进行数字化处理，到多种媒体的综合处理，更加侧重多媒体技术的现实应用。

另外，对多媒体产品的评价，除了技术因素外，还经常包含个性化的艺术性评价，并受到市场环境及厂商偏好等因素的影响。本教材偏重于技术实现原理及实现方法的讲解及应用，在艺术及设计方面并没有较多涉及。在实验的设计与选择方面，也并未达到一定的艺术水准，请读者海涵。

1.1.5　多媒体系统

1. 多媒体计算机

多媒体计算机（multimedia personal computer，MPC）是在普通个人计算机的基础上配备相应的媒体外设构成的。现在，多媒体计算机有了多种不同的形态，甚至一部小小的手机也可以称为多媒体计算机了。

那么，是不是有了一台多媒体计算机就可以进行多媒体产品的开发呢？当然不是。多媒体产品的开发需要一个完整的系统，系统的多个组成部分协同工作，才能够完成多媒体产品的开发。

2. 多媒体系统的构成

多媒体系统是指能对多媒体信息进行逻辑互联、获取、编辑、存储和播放的一个具有交互性的计算机系统。一个完整的多媒体系统主要由4部分内容组成，分别是多媒体硬件系统、多媒体操作系统、多媒体处理工具软件和用户应用软件及平台，如图1-3所示。

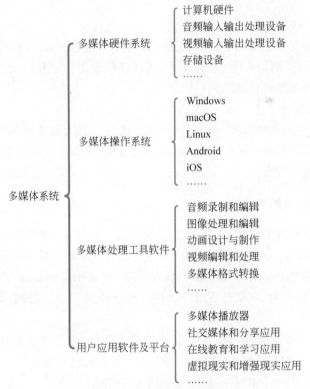

多媒体系统
- 多媒体硬件系统
  - 计算机硬件
  - 音频输入输出处理设备
  - 视频输入输出处理设备
  - 存储设备
  - ……
- 多媒体操作系统
  - Windows
  - macOS
  - Linux
  - Android
  - iOS
  - ……
- 多媒体处理工具软件
  - 音频录制和编辑
  - 图像处理和编辑
  - 动画设计与制作
  - 视频编辑和处理
  - 多媒体格式转换
  - ……
- 用户应用软件及平台
  - 多媒体播放器
  - 社交媒体和分享应用
  - 在线教育和学习应用
  - 虚拟现实和增强现实应用
  - ……

图1-3　多媒体系统的构成

在一套完整的多媒体系统的支持下，多媒体产品才能够被顺畅地设计、制作、发布。过去，多媒体作品通过物理介质发行，例如光盘，而现在则主要通过互联网发行，包括计算机网络、无线网络、移动网络、卫星网络、有线电视网络等。多媒体作品在网上发行要遵循一系列网络协议和标准，最终被可靠地发送到终端用户。

在多媒体系统的4个组成部分中，多媒体硬件系统提供物质基础和技术支持，多媒体操作系统进行管理和调度，多媒体处理工具软件进行内容的处理和创作，而用户应用软件及平台则直接与用户进行交互，并提供服务。这四者相互配合，共同完成多媒体信息的采集、处理、存储和展示等任务。

（1）多媒体硬件系统。

多媒体硬件系统是整个多媒体系统的物质基础，主要包括以下组成部分。

① 计算机硬件：这是多媒体系统的核心，包括主机、中央处理器（CPU）、内存等，用于执行多媒体应用程序和处理多媒体数据。

② 音频输入输出处理设备：如声卡、音箱、麦克风等，用于处理和传输音频信号，实

现声音的输入、输出和编辑。

③ 视频输入输出处理设备：如视频卡、摄像头、显示器等，负责处理和传输视频信号，实现视频的输入、输出和编辑。

④ 存储设备：如硬盘、光盘驱动器（CD-ROM 或 DVD-ROM）、U 盘等，用于存储多媒体数据，如音频文件、视频文件、图像文件等。

除了上述核心组件，多媒体硬件系统还可能包括其他辅助设备，如打印机、扫描仪等。这些设备共同协作，为用户提供丰富的多媒体体验。

（2）多媒体操作系统。

多媒体操作系统是管理和控制计算机硬件与软件资源的程序。在多媒体系统中，操作系统需要管理和调度多媒体数据，提供对多媒体设备的驱动和控制，以及支持多媒体应用程序的运行。Windows、macOS、Linux、Android、iOS、鸿蒙等操作系统都具备处理多媒体数据的能力，为用户提供广泛的多媒体应用和功能。

（3）多媒体处理工具软件。

多媒体处理工具软件是用来处理、编辑和创作多媒体内容的工具。按照功能分类，多媒体处理工具软件主要有以下几方面功能。

① 音频录制和编辑：这类软件通常支持音频的录制、剪辑、混音等操作，以提升音频质量和效果。

② 图像处理和编辑：这类软件可以支持用户绘制矢量图形、编辑和处理位图图像，进行颜色调整、滤镜应用、图层管理等操作。

③ 动画设计与制作：这类软件允许用户创建逐帧动画或基于关键帧的动画，添加特效、音频和文本等元素，以及导出为常见的动画格式。

④ 视频编辑和处理：这类软件可以对视频进行剪辑、合并、添加特效和过渡效果等操作，使视频内容更加生动有趣。

⑤ 多媒体格式转换：这类软件具备格式转换功能，可以将媒体文件转换成不同的格式，以适应不同的播放设备和需求。

⑥ 其他处理工具软件。

（4）用户应用软件及平台。

这部分软件利用多媒体操作系统提供的接口和多媒体处理工具软件生成的产品，直接与用户进行交互并提供服务，下面列出的是目前一些主要用户应用软件和平台。

① 多媒体播放器：如 Windows Media Player、VLC、QQ 影音、暴风影音等，它们可以播放音频、视频和多媒体文件，支持多种格式。

② 社交媒体和分享应用：如 YouTube、微信、微博、QQ 空间、Instagram 等，它们允许用户上传、分享和观看多媒体内容。

③ 在线教育和学习应用：如 Khan Academy、Duolingo、网易云课堂、中国大学MOOC 等，这些应用使用多媒体（如视频、音频和互动内容）来增强学习体验。

④ 虚拟现实和增强现实应用：这些应用利用特殊的硬件（如 VR 头盔或 AR 眼镜）为用户提供沉浸式的多媒体体验。

⑤ 其他软件及平台。

1.2　多媒体技术发展概况

目前，多媒体的应用已遍及社会生活的各个领域，在教育应用、电子出版、旅游与地图、家庭应用、商业、新闻出版、电视会议、广告宣传等诸多方面都不可或缺。随着社会信息化步伐的加快，多媒体的发展和应用前景将更加广阔。

多媒体技术对计算机硬件和软件的发展有着深远的影响，多媒体专用芯片、多媒体操作系统、多媒体数据库管理系统、多媒体通信系统等都得到很大的发展。

1.2.1　多媒体技术的发展历程

1. 起步阶段

多媒体技术的起源可以追溯到20世纪60年代末到70年代初。这个时期，研究人员开始尝试将文字、图像和声音进行综合处理，以创造更具吸引力和交互性的学习和娱乐体验。然而，由于当时的硬件和软件限制，多媒体技术的应用范围非常有限，并且无法实现高质量的音视频播放。

20世纪80年代初，显示芯片的出现标志着计算机已经初步具备处理图像的能力，但是这不能说明当时的计算机可以发展多媒体技术。而1984年声卡的出现，不仅标志着计算机具备了音频处理能力，也标志着计算机的发展开始进入了一个崭新的阶段：多媒体技术发展阶段。

2. 发展阶段

20世纪80年代后，多媒体技术的发展速度让人惊叹不已。并且，在技术上似乎有两条主线可循：一条是视频技术的发展，另一条是音频技术的发展。

在视频技术的发展方面，从AVI出现开始，视频技术进入蓬勃发展时期。这个时期内的三次高潮主导者分别是AVI、Stream（流格式）以及MPEG（Moving Picture Expert Group，运动图像专家小组）。AVI的出现无异于为计算机视频存储奠定了一个标准，而Stream使得网络传播视频成为非常轻松的事情，MPEG则是将计算机视频应用进行了最大化的普及，对多媒体技术的发展起到了推波助澜的作用。

音频技术的发展大致经历了两个阶段：一个是以单机为主的WAV和MIDI，另一个就是随后出现的形形色色的网络音乐压缩技术的发展。其中，里程碑事件是1991年MP3音频压缩技术的首次亮相，这种技术使得音频文件可以大大缩小，从而更容易在网络上传播和存储，对于数字音乐的发展产生了深远影响。

而在计算机硬件及操作系统方面，1992年，微软公司发布Windows 3.1多媒体操作系统，通过动态链接库和支持多媒体驱动程序等方式进一步推动了多媒体技术的发展。1996年，英特尔公司推出Pentium Pro处理器，加入了MMX指令集（MultiMedia Extensions，多媒体扩展指令集），提升了处理器的多媒体处理能力。

3. 全新阶段

进入 21 世纪,多媒体技术经历了与互联网的结合、移动设备时代的挑战与发展、虚拟现实与增强现实的崛起,以及与人工智能的融合等阶段。扩展现实技术(Extended Reality,XR)的发展为多媒体技术带来了新的机遇。XR 将现实与虚拟结合起来进行人机互动,主要包括 VR、AR 和 MR,如图 1-4 所示。

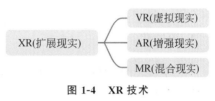

图 1-4　XR 技术

(1) VR(virtual reality),即虚拟现实。虚拟现实是利用计算机模拟产生一个三维空间的虚拟世界,提供给使用者关于视觉、听觉、触觉等感官的模拟,使其仿佛身临其境,拥有十足的沉浸感和临场感。VR 是纯虚拟场景,所以 VR 装备更多的是用于用户与虚拟场景的互动交互,主要使用位置跟踪器、数据手套、动捕系统、数字头盔等。市场上已经有不少设备,比较有名的是 Oculus Rift、HTC Vive。

(2) AR(augmented reality),即增强现实。就是通过计算机技术将虚拟的东西显示在现实空间中,还能和它进行交互。人们看科幻电影时,影片人物的眼前会凭空出现一个屏幕,还可以在上面操作,这就是典型的 AR。由于 AR 是现实场景和虚拟场景的结合,所以基本都需要摄像头,在摄像头拍摄的画面基础上,结合虚拟画面进行展示和互动。比较有名的设备是谷歌眼镜。

(3) MR(mix reality),即混合现实。它是 VR 和 AR 的混合,合并现实和虚拟世界而产生的新的可视化环境。尤其需要说明的是,MR 所产生的世界是可以和现实世界实时交互的,也就是现实世界的其他反馈都会对这个世界造成实时的影响。比较有名的设备是易瞳科技的 VMG、Apple Vision Pro 等。

上述这些技术与元宇宙、数字孪生、虚实协同等概念一样,都是在努力打造一个与现实世界平行运行的数字世界,让人类的多种感官所获得的信息能够在数字世界得到最真实的再现,从而达到多媒体技术的最终目标。

1.2.2　多媒体技术的发展趋势

随着科技的不断进步和用户需求的不断提高,多媒体技术也在不断发展和创新。立足当下,我们也可以大胆展望一下多媒体技术未来的热点领域及其发展趋势。

1. 超高清和 3D

人的视觉感官获得的真实感受是三维的、动态的。目前,二维的视觉媒体获取与展示方式仅是技术发展过程的中间产物。随着显示设备和拍摄设备的不断进步,用户对图像和视频质量的要求也在不断提高。未来,这些视觉媒体会进一步向超高清、3D 等方向发展,从而提供更加清晰、逼真的视觉体验。伴随新一代信息通信技术的升级,大带宽、广连接、低时延的 5G 技术将为各种视觉媒体的应用搭建起"高速车道"。

2. XR 技术

VR、AR、MR 技术可以为用户提供更加沉浸式的体验，将多媒体内容以更加自然、直观的方式呈现给用户。这些技术在娱乐、教育、医疗、军事等领域有着广阔的应用前景。

3. 智能化

人工智能（artificial intelligence，AI）技术的不断发展，极大地推动了多媒体技术的进步和创新，为用户提供更加丰富、多样化和个性化的多媒体服务体验。

其中，生成式 AI 技术可以自动生成文本、图像、音频和视频等多媒体内容。这将极大地丰富多媒体内容的来源，同时降低内容创作的成本和难度。AI 技术可以自动理解和处理多媒体内容，可以分析用户的兴趣、偏好和历史数据，生成符合用户个性化需求的多媒体内容。AI 技术可以实现不同模态多媒体内容之间的融合和转换，促进信息的跨模态整合。例如，将文本内容转换为图像或视频内容，或者将不同语言的多媒体内容转换为同一语言的内容。这将有助于打破不同模态内容之间的壁垒，为用户提供更加丰富和多样的信息呈现方式。在大语言模型的帮助下，AI 技术走入了大众生活，并将带来新的历史性变革。

4. 交互性

交互性是多媒体技术的一个重要特点，未来可能会进一步发展出更加自然、直观的交互方式。例如，通过语音识别和自然语言处理技术实现语音交互，通过计算机视觉技术实现手势交互等。这将为用户提供更加自然、便捷的交互体验。

5. 跨平台和跨设备

随着各种智能设备的普及和网络技术的发展，用户需要在不同平台和设备之间无缝地享受多媒体内容。因此，跨平台和跨设备技术也是多媒体技术的一个重要发展方向。

1.3 基础知识准备

1.3.1 查看媒体文件

无论通过什么方式获取，不同类型的媒体文件存储到计算机以后，都会形成数字化文件。如果在 Windows 操作系统中使用"详细信息"方式查看它们的基本信息，就能够看到文件名称、文件类型及大小等基本信息。不同的文件类型会有不同的文件扩展名，如图 1-5 所示。在当前的计算机操作系统中，会默认选择某一种应用程序来打开它，此时，文件呈现出不同的图标类型。

名称 ^	类型	大小
📄 01.txt	文本文档	2 KB
🖼 02.jpg	JPG 文件	12,580 KB
🖼 03.png	PNG 文件	32,301 KB
🎞 04.mov	MOV 文件	95,035 KB
🎞 05.mp4	MP4 文件	12,800 KB
🎵 06.mp3	MP3 文件	4,077 KB

图 1-5　几种常见的媒体文件

　　双击该文件以后,就会启动默认的应用程序打开它。例如,图 1-6 就是用 QQ 影音打开了一个图 1-5 列表中的"05.mp4"文件。当操作系统中安装了多种应用程序都可以打开这个文件时,也可以选择其他的"打开方式"。

图 1-6　使用 QQ 影音打开 MP4 文件

1.3.2　媒体文件的数字化本质

　　学习多媒体技术时,我们尤其要关注这些媒体文件的数字化本质。例如,当在Windows 下右击"05.mp4"文件时,可以在下拉菜单中看到图 1-7 所示的"属性"选项。

　　在文件属性的"常规"选项卡中,除了"文件类型""打开方式""位置""创建时间"等基础信息以外,还能够直观地看到这个数字化媒体文件的"文件大小",单位是"字节"(byte)。什么是"字节"呢?我们使用一个二进制查看工具 Binary Viewer 打开媒体文件05.mp4,如图 1-8 所示。

　　在这里,可以直观地看到 05.mp4 文件本质上是一个由"0"和"1"构成的二进制文件,这些 0 和 1 犹如这个数字化文件的"细胞"。而这些细胞是以字节组方式存储的,每一字

图 1-7　媒体文件的属性——"常规"选项卡

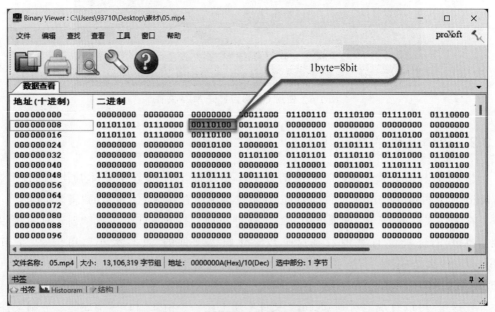

图 1-8　以二进制方式查看媒体文件

节由 8 个"0"或"1"的二进制组合构成。每一个二进制数字称为一个 bit(比特),一组 8 个 bit 构成一个 byte(字节)。这里我们强调:

比特——bit,是计算机中最小的数字化存储单元。

字节——byte(B),是计算机中表示文件大小的基本单位。

1.3.3 文件大小的表示

计算机中的文件大小是以字节(byte,B)为单位来表示的。当文件特别大时,字节数就会非常庞大,于是,需要对不同数量级的字节数进行简化。

1024 bytes,即 2^{10} bytes,简写为 1KB;

1024×1024 bytes,即 2^{20} bytes,简写为 1MB;

1024×1024×1024 bytes,即 2^{30} bytes,简写为 1GB;

1024×1024×1024×1024 bytes,即 2^{40} bytes,简写为 1TB;

1024×1024×1024×1024×1024 bytes,即 2^{50} bytes,简写为 1PB;

1024×1024×1024×1024×1024×1024 bytes,即 2^{60} bytes,简写为 1EB;

1024×1024×1024×1024×1024×1024×1024 bytes,即 2^{70} bytes,简写为 1ZB;

……

每级存储单位与其上级单位的换算关系都是 1024,目前已知最大的数据存储单位是 XB,XB 相当于 2^{130}。

图 1-7 中 05.mp4 的文件大小为"12.4MB(13,106,309B)",因为 13 106 309 除以 1024,再除以 1024 后,约等于 12.4MB,所以在文件属性中看到了这样的显示。当然,通过计算,13 106 309×8=104 850 472,即这个数字化文件是由 104 850 472 比特构成的二进制文件。

1.3.4 媒体文件的比特率

与时间有关的动态媒体信息都具有比特率的属性。比特率也称数据速率或码率,指每秒钟的比特数。例如打开上述 05.mp4 文件属性的"详细信息"选项卡,如图 1-9 所示,可以看到视频和音频是分开存储的,且它们各自都是与时间有关的动态媒体信息。其中,视频部分的数据速率为 10 163kbps,音频部分的比特率为 308kbps,两者之和构成这个 mp4 文件的总比特率,即 10 472kbps(因计算中有四舍五入,此处并未精准相等)。其中,kbps 是 kilo bits per second 的缩写,即每秒钟多少千比特,这个属性参数能够比较清晰地看出这个数字化媒体文件单位时间内存储的数据量。

图 1-9　媒体文件的属性——"详细信息"选项卡

1.4　习　　题

1. 单选题

（1）在 5 种感觉器官中，（　　）带给人们的信息量最多。

　　　A. 听觉　　　　　　B. 视觉　　　　　　C. 味觉　　　　　　D. 嗅觉

　　　E. 触觉

（2）在现代影厅的放映系统中，"IMAX"主要是为了着重（　　）感官信息的更好表现。

　　　A. 听觉　　　　　　B. 视觉　　　　　　C. 触觉　　　　　　D. 味觉

　　　E. 嗅觉

（3）目前以（　　）两种感觉媒体结合的多媒体产品更为普遍。

　　　A. 视觉和听觉　　　　　　　　　　　B. 视觉和触觉

　　　C. 触觉和味觉　　　　　　　　　　　D. 味觉和嗅觉

（4）通过图 1-10 中所示的 1.mp4 文件属性可知，该文件音频部分的数据量占总数据量的百分比大约是（　　）。

　　　A. 50%　　　　　　B. 20%　　　　　　C. 10%　　　　　　D. 4%

图 1-10　1.mp4 文件属性

（5）一个数字化媒体文件的大小为 1MB，这相当于（　　）字节。

　　A. 8　　　　　　　　　　　　　　B. 1024

　　C. 1024×1024　　　　　　　　　D. 1024×1024×1024

2. 多选题

（1）多媒体系统由（　　）组成。

　　A. 多媒体硬件系统　　　　　　　B. 多媒体操作系统

　　C. 多媒体处理工具软件　　　　　D. 用户应用软件及平台

（2）XR 将现实与虚拟结合起来进行人机互动，它主要包括（　　）技术。

　　A. VR（虚拟现实）　　　　　　　B. AR（增强现实）

　　C. MR（混合现实）　　　　　　　D. AI（人工智能）

第 2 章

chapter 2

音频获取与处理

扩展实验（约2学时）
   实验2-7：音乐工程
   实验2-8：音频生成技术

进阶实验（约3学时）
   实验2-4：去除杂音
   实验2-5：消除人声
   实验2-6：多轨混音

基础实验（约2.5学时）
   实验2-1：音频录制
   实验2-2：音频剪辑
   实验2-3：基本音效处理

理论讲解（约1.5学时）
   声音的基本概念、信号特征
   数字化音频的过程及技术参数
   数字音频的文件格式

图 2-1　第 2 章内容结构图

本章学习目标：

- 理解声音的基本概念。
- 理解声音的图形化表示及数学表示。
- 理解声音的音强、音调、音色三要素，并进行相应的效果处理。
- 准备并测试音频数字化所需的硬件及软件环境。

- 概括音频的数字化过程。
- 分析采样率、声道数、位深度及编码格式对音频数字化的影响。
- 理解比特率与音质、比特率与文件大小的关系。
- 比较常见的数字音频文件格式。
- 应用主流工具进行音频获取。
- 应用主流工具进行去噪及基本音效处理。
- 应用主流工具进行混音合成处理。
- 探讨 AI 技术对音频获取与处理的影响。

2.1 声音的基础知识

声音是一种重要的多媒体要素,随着多媒体技术的不断发展,计算机获取并处理声音信息的能力已经达到了较为成熟的阶段。

2.1.1 基本概念

声音是由物体振动产生的声波,是通过介质(如空气)向外传播,并能被人的听觉感官所感知的波动现象。

正在发声的物体叫作**声源**。物体在 1 秒之内振动的次数叫**频率**,记作 f,单位是赫兹(Hz)。由于振动产生时引起周围的空气分子受到正压力,振动经过后空气分子又会受到负压力,这种一会儿正压、一会儿负压的受力表现,可以形象地描绘成图 2-2 所示的图形。

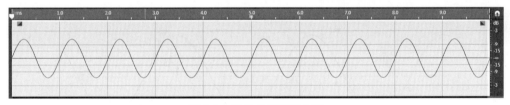

图 2-2 振动的图形化表示

图 2-2 所示是在 10 秒钟 10 次完整振动的图形化表示,也就是振动频率为 1Hz,每秒振动 1 次(注:本章使用 Adobe Audition 2023 作为演示工具,以后简称 Audition。此图形是使用 Audition 的音调生成效果器生成的正弦波形)。那么,图中所示的这种振动能不能被我们的耳朵听到呢?答案是否定的。人类能够听到的声波频率范围称为"可闻声波",小于 20Hz 的声波称为次声波,20000Hz 以上的声波称为超声波。许多动物都具有比人类强很多的听觉能力,如某些鲸类、老鼠、大象都能够听到次声波;蝙蝠、猫、狗、海豚等许多动物都能听到超声波,人的"可闻声波"是有一定频率范围的。

频率在 20~20000Hz 的声波可以被人耳感知,在多媒体技术中,这一范围的声音频率称为"**音频**"。

2.1.2　声音信号的基本特征

1. 声音的分类

现实中的声音种类繁多，整体来说，声音可以划分为以下两类。

一类是规则声音。包括语音、音乐和音效。其中，语音是由人的发音器官发出，负载着一定语言意义的特殊媒体；音乐是规范化的、符号化了的声音；而音效是人类熟悉的其他声音，如动物发声、机器产生的声音、自然界的风雨雷电等。

另一类是不规则声音。由于这类声音不携带信息，也称其为噪声。

在多媒体技术中，我们的目标经常是去除不规则的声音，而力图使规则的声音更加清晰、悦耳，同时传达所需的信息。

2. 声音的信号表示

我们听到的声音，无论是规则的声音，还是不规则的声音，都是由许多频率不同的振动信号组成的复合信号，其中，每个单一频率的振动信号称为一个分量。每个分量都表现为正弦波的形式，如图 2-3 所示。图中，一次振动所用的时间为振动周期，记作 T，单位是秒（s）；而振动频率记作 f，单位是赫兹（Hz），可知，$f = \dfrac{1}{T}$。振动的幅度也称为振幅，用 A 表示。在现实世界中，我们听到的声音，都是由许许多多频率不同、振幅不同的正弦波复合而成的。

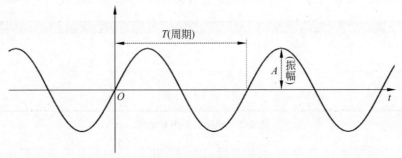

图 2-3　单一分量的正弦波

如果用数学形式来描述单一分量的正弦波，可以表示为

$$f(t) = A\sin(\omega t + \phi)$$

其中，A 为振幅，即振动过程中偏离平衡位置的最大距离；ω 为角频率，即单位时间内变化的相位数；t 为时间；φ 为初相位，即振动开始时质点的相位。振动频率与角频率的关系为 $\omega = 2\pi f$。

多个正弦波叠加后的声音波形不再是正弦波的形式。图 2-4 是两条正弦波叠加的示意图，可以看出，叠加后的波形变得复杂起来，如果在不同的时间再叠加更多的分量，波形将更加丰富多样。大千世界丰富多彩的声音都可以看作由许多不同频率、振幅和相位的正弦波组成。

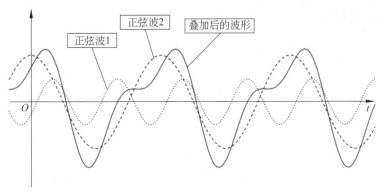

图 2-4 两个正弦波的叠加示例

如果用数学形式来描述复合后的声音信号,可以表示为

$$f(t) = \sum_{n=0}^{\infty} A_n \sin(n\omega_0 t + \phi_n)$$

例如,人的发音器官是声带,声带发出的振动是最基础的振动,称为基音,在此基础上,会引发口腔、胸腔、身体的各个部位以及周遭环境分子的各种振动,称为泛音或谐波。这种复合信号的分量是非常多的,无法将每一个分量都清晰地描绘出来,于是,我们经常用频谱的方式显示声音的频率构成情况。在图 2-5 中,Audition 的编辑器中显示了语音"多媒体技术"的波形及频谱频率信息。

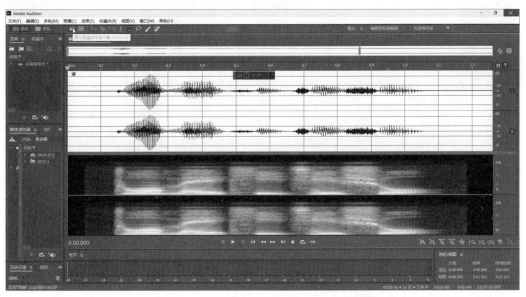

图 2-5 在 Audition 中显示频谱频率显示器

人的发音器官能发出的声音是复合信号,振动频率为 $80 \sim 3400\,\mathrm{Hz}$,因此,该范围的信号称为语音信号。当然,每个人的发音器官振动的频率范围是不同的,这就是为什么不是每个人都能唱出"海豚音"的原因。由于每个人的发音器官和语音习惯不同,因此每个人的语音频谱也是独特的,可以用来进行特征识别。

3. 声音的三要素

声音可以从三方面描述，也称为声音的三要素。

（1）音强。

音强指人耳感觉到的声音强弱，即声音的音量大小。声波振动的振幅越大，声音越强，传播距离越远。音量的单位记为 dB，即分贝（decibel）。在物理学中，分贝是一种测量声音的相对响度的单位。人耳感知的声音幅度为 0～120dB。

而音频软件里面的 dB 与物理声学中的分贝不同。音频软件中的 0dB，更多的意义类似一个设计参照点，可以简单理解为音频系统不会产生失真的最大音量。在大多数音频处理软件和数字化设备中，音量是从负无穷到零，0dB 为最大值。

（2）音调。

人对声音频率的感觉表现为音调的高低。对一定音强的单一分量声波，音调随频率的上升而上升，随频率的降低而降低。振动得越快，音调就越高；振动得越慢，音调就越低。在音乐领域，用音阶来表示音调的高低。在图 2-6 中，Audition 提供了频谱音调显示器来显示语音"多媒体技术"的波形及频谱音调信息。

图 2-6　在 Audition 的显示频谱音调显示器

（3）音色。

音色是指不同声音的频率构成，表现在波形方面总是有与众不同的特性。物体振动时会发出基音，同时其各部分也有复合的振动，各部分振动产生的声音组合称泛音（也称谐波）。所有不同的泛音都比基音的频率高，但强度都相对较弱，所以它盖不过较强的基音。不同的发声体，由于其材料、结构不同，发出的声音的音色也就不同，例如钢琴和小提琴的音色就不一样，每个人的音色也不一样。声音除了有一个基音之外，还叠加了许多不同频率的泛音。音色就是由混入基音的泛音所决定的，高次振动的泛音越丰富，音色就越有明亮感和穿透力。

图 2-7 显示了 3 种不同乐器在演奏相同音乐时频率构成的不同,表现出来的结果就是 3 种不同的音色。

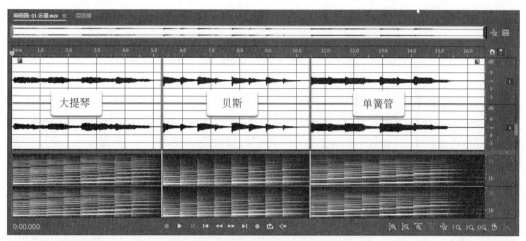

图 2-7　不同乐器演奏相同音调时的频谱

衡量声音的上述 3 个要素是否达到一定标准,并不由某一个单独的要素决定。即相对于某一频率或频段的音量是否具有一定的强度;在要求的频率范围内、同一音量下,各频率分量的幅度是否均匀、饱满;高次谐波是不是丰富等。

4. 声音信号的评价指标

要对不同的声音信号进行量化指标评价,一般有以下 4 种指标。

指标一:频带宽度。

声音信号的频带宽度越宽,所包含的声音信号分量就越丰富。在日常生活中,一些常见声源的频带宽度如图 2-8 所示。

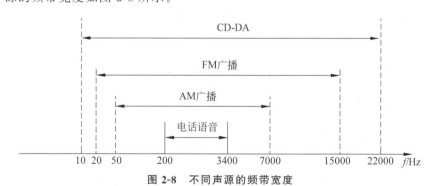

图 2-8　不同声源的频带宽度

指标二:信噪比。

信噪比是有用信号与噪声之比的简称。信噪比越大,声音质量越好。

指标三:动态范围。

动态范围越大,信号强度的相对变化范围越大,则音响效果越好。例如,FM 广播动态范围一般为 60dB，而 CD-DA 的动态范围则大约为 100dB。

指标四：主观度量。

每个人感觉上的、主观上的测试是评价声音质量不可缺少的部分。当然，可靠的主观值却是较难获得的。

2.2　音频的数字化

声音是听觉感官对声波的感知，而声波是通过空气等介质传播的连续振动，是典型的连续信号，不仅在时间上是连续的，而且在振动幅度上也是连续的。在时间上的"连续"，是指在一个指定的时间范围里，声音信号的幅值有无穷多个。在幅度上"连续"，是指幅度的数值有无穷多个。这种在时间上和幅度上都是连续的信号称为"模拟信号"。因此，声音信号是一个模拟信号。

计算机只能处理由 0 和 1 构成的二进制数字信息。只有把模拟信号转换为数字信号，用数字来表示声音波形信息，才能够被计算机获取并处理。

2.2.1　数字化过程

声音进入计算机的第一步就是数字化。生活中将音频获取到计算机中有许多方法，例如录音、从 CD 抓轨提取、语音生成等，目的都是将模拟信号转换为数字信号，并形成数字化的音频文件。要完成声音信号的数字化过程，计算机的硬件系统及软件系统都需要提供必要的支持。

音频的数字化不是一蹴而就的，需要经过一系列过程，即采样、量化、编码。连续时间的离散化通过采样来实现，就是每隔一段时间采样一次，这种采样称为均匀采样；而连续幅度的离散化通过量化来实现。然后，使用二进制对信息进行编码，最终存储为数字化文件。

总结为一句话，音频的数字化就是通过采样和量化，对模拟量表示的声音信号进行编码后转换成由许多二进制 1 和 0 组成的数字音频文件。音频的数字化过程可简略表示为图 2-9。

图 2-9　音频的数字化过程

2.2.2　音频数字化的硬件设备

声音适配器又称声卡（sound card），主要用于处理声音，是多媒体计算机的基本配置。目前多数主板上集成了声卡的功能，但声卡也能以其他形式存在，目前有集成式、板卡式（独立式）、外置式声卡，如图 2-10 所示。相对于传统的集成声卡，独立声卡的优势主要在于较小 CPU 占用、更低的干扰、更多的声道、更丰富的功能和更强大的 MIDI 编辑与回放能力等。

图 2-10　不同形式的声卡

1. 声卡的功能

（1）A/D（模拟/数字）转换。将模拟的声音转换成数字化的声音。经过模数转换的数字化声音以文件的形式保存在计算机中，可以利用声音处理软件对其进行加工和处理。

（2）D/A（数字/模拟）转换。把数字化声音转换成模拟的声音。转换后的声音通过声卡的输出端送到声音还原设备，如耳机、音箱、音响放大器等。

（3）实时、动态地处理数字化声音信号。利用声卡上的数字信号处理器处理数字化声音，可减轻 CPU 的负担。还可以用于音乐合成、制作特殊的数字音响效果等。

（4）提供输入、输出端口。

2. 声卡的输入端口

不同参数的声卡端口数量是不同的。不同的端口经常被设计为不同的颜色，以区分其功能。声卡的输入端口主要有以下两种。

（1）麦克风输入端口（mic in）：这是用于连接麦克风的输入端口。麦克风是一种将声音转换为电信号的音频设备，通过麦克风输入端口，可以将人声或其他声音录制到计算机中。

（2）线性输入端口（line in）：这是用于输入未经放大芯片放大的模拟音频信号的端口。它可以连接各种外部音频设备，如 CD 机、录音机等，将音频信号传输到计算机中进行处理或录制。

除了上述两种常见的输入端口，还可能存在其他专业或特殊用途的输入端口。例如，一些专业声卡可能提供数字输入端口（digital in），用于输入数字音频信号；还有一些可能提供乐器输入端口（instrument in），专门用于连接电吉他等乐器。

3. 输入设备

在多媒体计算机中，音频输入设备是非常重要的组成部分，它们使用户可以输入自己的声音、音乐或其他声音信号，并将其转换为数字信号进行编辑、合成或播放。需要注意的是，音频输入设备的质量和性能对音频信号的采集和处理效果有着至关重要的影响。

麦克风作为一种重要的音频输入设备，其基本功能是将声音信号转换为电信号，同时还具备一些辅助功能，以帮助用户更好地控制音频的质量和效果。不同的麦克风类型适用于不同的场合和需求，需要根据具体情况选择合适的麦克风。图 2-11 是一些目前常见的麦克风类型。

(a) 动圈式手持麦克风　　　(b) 电容式录音麦克风　　　(c) 无线领夹式采访麦克风

(d) 铝带式录音麦克风　　　(e) USB数字头戴式耳麦

图 2-11　多种类型的音频输入设备

4. 声卡的输出端口

（1）扬声器输出端口（speaker）：用于连接音箱或耳机的音频输出。这是声卡上最常见的输出端口，通常标记为 SPK 或 speaker，可以输出双声道立体声信号。有一些声卡还会专门提供连接耳机的输出端口，称为耳机输出端口（headphone），与扬声器输出端口类似，耳机输出端口也可以输出双声道立体声信号，但通常会针对耳机的特点进行优化，例如提供更高的输出功率和更好的音质表现。

（2）线性输出端口（line out）：一种未经放大芯片放大的模拟音频信号输出端口，用于连接外部音频设备，例如功率放大器或录音设备等。与扬声器的输出端口不同，线性输出端口输出的音频信号没有经过声卡上的放大芯片放大，因此输出的音频信号幅度较小，需要外部设备进行进一步放大和处理。

（3）数字输出端口（digital out）：用于输出数字音频信号。这种端口可以连接数字音频设备，如数字音箱或数字录音设备等，需要外部设备支持相应的数字音频格式才能正常工作。

5. 输出设备

耳机和音箱是常见的音频输出设备，在一些专业领域，还会用到数字音频解码器、功率放大器和多媒体音响系统等。常见的音频输出设备如图 2-12 所示。

耳机将声音直接传送到用户的耳朵，提供了私密且高质量的音频体验，常见的耳机

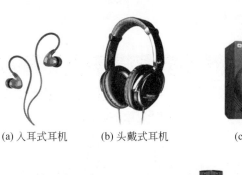

(a) 入耳式耳机　　(b) 头戴式耳机　　　　(c) 2.0声道有源音箱

(d) 2.1声道有源音箱　　　(e) 5.1声道家庭影院

图 2-12　多种类型的音频输出设备

类型有入耳式、头戴式和无线耳机。

音箱有多种不同的类型,可以根据不同的场合、用途、放音频率等选择合适的音箱,从而获得更好的音频体验和使用效果。单体音箱是最基本的音箱类型,只包含一个扬声器单元,这种音箱一般体积较小,适合用于个人听音或小型空间。立体声音箱通常由两个单体音箱组成,一个负责左声道,另一个负责右声道,以模拟立体声效果。环绕声音箱在立体声的基础上增加了更多的音箱,包括后置音箱、中置音箱等,以提供更丰富的声音层次和包围感。常见的 5.1 声道、7.1 声道系统就属于环绕声音箱。

2.2.3　音频数字化的过程

音频的数字化过程分为 3 个步骤:采样、量化和编码。其中,采样环节需要确定采样几条声道波形,每秒钟采集多少个声音样本;量化环节需要确定每个声音样本要存为几个比特;编码环节需要确定采用什么格式记录数字数据,是否采用某种压缩算法进行压缩。

1. 采样

采样,即采集声音的样本点,把时间上连续的模拟信号变成离散的有限个样值的信号。

(1) 采样率。

每秒钟的采样次数称为采样率,单位为 Hz。采样率决定了声音的保真度。在音频数字化开始时,首先需要确定采样率,图 2-13 就列出了 Audition 中采样率的选项。从图中可以看出,如果选择采样率为 44100Hz,声卡就要对声音每秒钟采集 44100 个样本点,从而将声音波形离散化地记录下来。采样率越大,对声音的保真度越好,越能够更细腻地记录声音的信息。

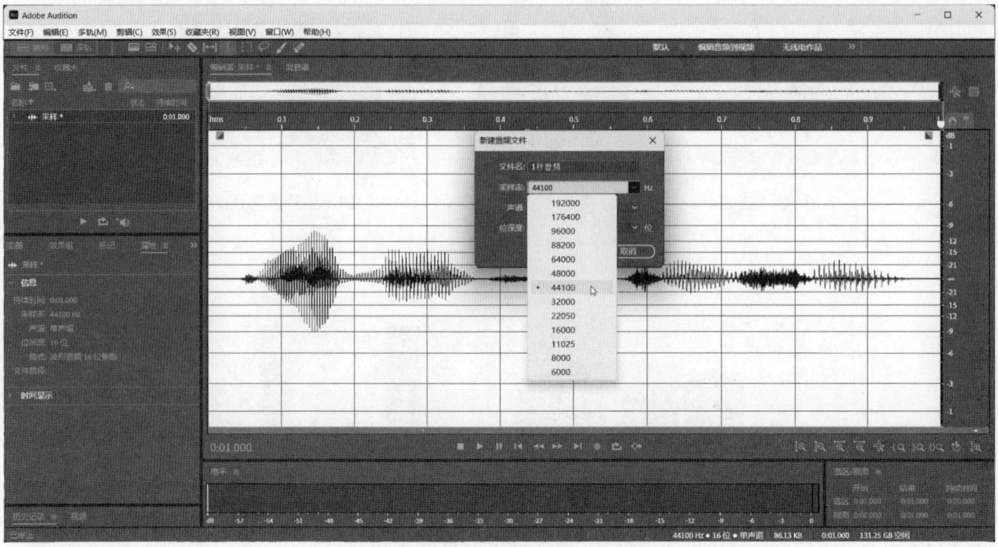

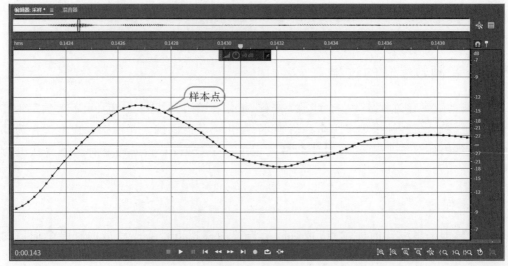

图 2-13　采样率选项

将采样后的声音波形放大，可以看到一个一个的样本点，如图 2-14 所示。采样率为
8000Hz，即每秒钟采样 8000 个样本点，最终得到的音频文件相当于固定电话的音质效
果；采样率为 22000Hz，相当于 FM（调频）电台效果；采样率为 441000Hz，则达到了 CD
音质；专业声卡的采样率可以达到 96000Hz 甚至更高。

图 2-14　样本点

采样率是不是越高越好呢？采样率的高低由信号本身包含的最高频率决定，信号的
频率越高，需要的采样率就越高，但不需要太高。

奈奎斯特（Nyquist）采样理论表明，为了完整捕捉并还原一个连续时间信号的信息，
采样率需要大于该信号中最高频率的两倍，这样就能把以数字表达的声音不失真地还原

成原来的模拟信号,这被称为无损数字化。例如,语音信号的最高频率约为 3400Hz,采样率如果选择 8000Hz,它大于 3400Hz 的 2 倍,就能够达到对这个语音信号的无损数字化;人耳能够听到的声音,理论上最高频率约为 20kHz,所以 44.1kHz 的采样率已经超过了这一要求的 2 倍,从而可以实现对人耳可听范围内声音的无损数字化。虽然人耳对 20kHz 以上的频率不敏感,但一些研究表明,超高频可能对音色的感知产生微妙影响。因此,一些高质量的音频设备会采用更高的采样率,如 96kHz 或 192kHz,以捕捉这些额外的音频细节。并且,随着技术的进步,音频编码和解码标准可能会不断发展,更高的采样率可能为新的音频编码技术提供更多的灵活性和潜力。

（2）声道数。

对声音进行数字化时,还要根据需要确定采样的声道数。声道数就是声音录制时的音源数量或回放时相应的扬声器数量。常见的声道数有以下几种选择。

① 单声道：单声道是比较原始的声音复制形式,是把来自不同方位的音频信号混合后统一由录音器材记录下来,再由一只音箱重放。单声道的声音只能感受到声音的前后定位,而无法有效分辨声音的左右及上下定位。

② 立体声：立体声又称双声道,立体声技术彻底改变了单声道缺乏对声音的位置定位的状况。声音在录制过程中被分配到两个独立的声道,从而达到很好的声音定位效果,使声音听起来有空间感。图 2-15 是放大后的立体声波形,可以看到,采样声音时,需要同时采样左声道和右声道的样本点,总的样本点数量是单声道的 2 倍。

③ 5.1 声道：5.1 声道是指中央声道,前置左、右声道,后置左、右环绕声道,以及所谓的 0.1 声道重低音声道,这些声道共同构成了环绕立体声系统。其中,中央声道主要负责配合屏幕上的动作,大部分时间是负责人物对白的部分。前置左/右声道则用来弥补在屏幕中央以外或不能从屏幕看到的动作及其他声音。后置环绕音效负责外围及整个背景音乐,让人感觉置身于整个场景的正中央,能够产生全方位的声场。重低音声道（0.1声道）是专门设计的超低音声道,可以产生频率范围为 20～120Hz 的超低音,以提升音频的震撼力和质感。一些比较知名的声音录制压缩格式都是以 5.1 声音系统为技术蓝本的,例如非常著名的 Dolby（杜比）AC-3。

2. 量化

量化,即为每一个样本点确定一定的二进制存储位数,用"位深度"来表示量化时使用的二进制位数。Audition 中有图 2-16 所示的几种选项。

位深度的大小影响声音的质量。位数越多,声音质量越高,所需的存储空间也越多;位数越少,声音质量越低,所需的存储空间也越少。如果位深度为 8 位,那么,声音从最低到最高只有 256（即 2^8）个级别;位深度为 16 位的声音则有 65536（即 2^{16}）个级别。位深度越高,信号的动态范围越大,数字化后的音频信号就越可能接近原始信号,音质越细腻,但所需要的存储空间也就越大。由于计算机是按照字节（1B＝8b）进行运算和存储的,因此,位深度经常是 8 的倍数。

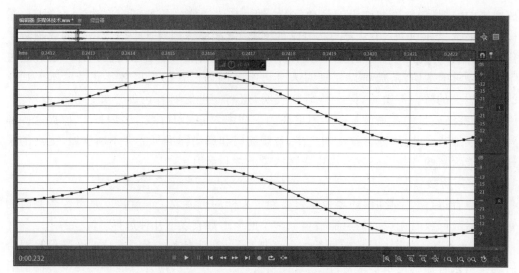

图 2-15　放大后的立体声波形

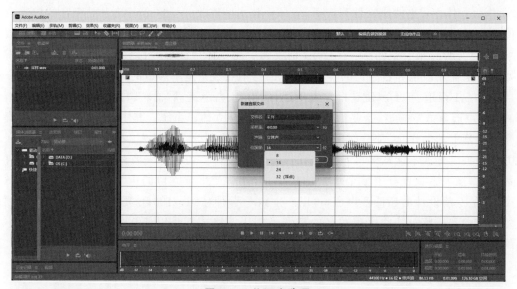

图 2-16　位深度选项

3. 编码

编码，即编写具体的二进制信息来存储文件。音频模拟信号经过采样与量化之后，为把数字化音频存入计算机，需对其编码，即用具体的二进制信息记录所有采样后的量化值。每种编码方式都有其独特的压缩算法和编码规则。这些算法和规则决定了音频数据如何被压缩、存储和传输，从而影响音频文件的质量和大小。

编码的作用有两个：一是采用一定的格式来记录数字数据；二是采用一定的算法来压缩数字数据，以减少存储空间，并提高传输效率。

不同的编码会形成不同的数字音频文件。在 Audition 中，音频文件可以选择编码为

图 2-17 所列的格式,选择某种编码格式后,可以保存为相应扩展名的数字音频文件。例如,MP3 音频编码格式对应生成 mp3 为扩展名的文件。2.2.5 节会对具体的数字音频文件格式进行介绍。

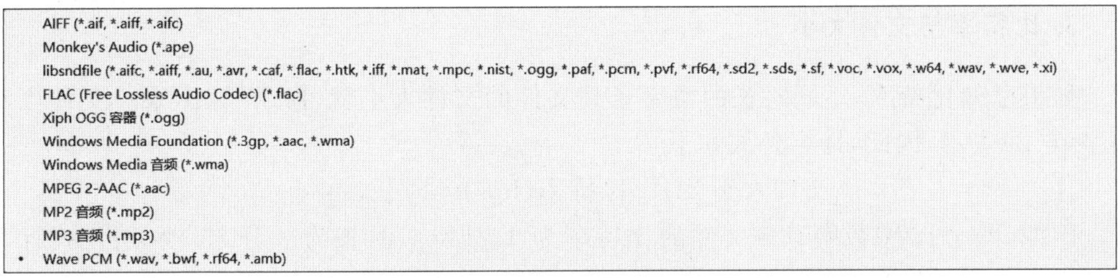

```
AIFF (*.aif, *.aiff, *.aifc)
Monkey's Audio (*.ape)
libsndfile (*.aifc, *.aiff, *.au, *.avr, *.caf, *.flac, *.htk, *.iff, *.mat, *.mpc, *.nist, *.ogg, *.paf, *.pcm, *.pvf, *.rf64, *.sd2, *.sds, *.sf, *.voc, *.vox, *.w64, *.wav, *.wve, *.xi)
FLAC (Free Lossless Audio Codec) (*.flac)
Xiph OGG 容器 (*.ogg)
Windows Media Foundation (*.3gp, *.aac, *.wma)
Windows Media 音频 (*.wma)
MPEG 2-AAC (*.aac)
MP2 音频 (*.mp2)
MP3 音频 (*.mp3)
•  Wave PCM (*.wav, *.bwf, *.rf64, *.amb)
```

图 2-17　编码格式选项

在编码格式中,最方便简单的编码方法是波形脉冲编码调制(Wave Pulse Code Modulation,Wave PCM)编码,这是一种最通用的无压缩编码,特点是保真度高,解码速度快,但编码后的数据量大。采用相同编码格式时,生成的文件扩展名有时是不同的,这主要是由于容器格式多样性、厂商和开发者选择以及历史遗留问题等原因造成的。

在硬件和软件的支持下,通过以上采样、量化、编码的过程完成音频的数字化,最终形成了数字化音频文件。除了计算机应用程序之外,智能手机和平板电脑等移动设备也有一些移动应用程序可以完成音频的数字化工作,但它们可能提供的采样率、声道数、位深度及编码格式的选项较少或参数默认。

2.2.4　音频的比特率

1. 比特率的概念

如何直观地比较一个数字音频文件的音质呢?

数字音频文件的比特率是指音频文件中每秒钟的数据量,通常以千比特每秒(kilobit per second,kbps)为单位表示。它是衡量音频文件质量的一个重要指标,表示音频文件的压缩程度和数据传输速率。

比特率也称数据率、位速或码率。具体来说,它是指将模拟声音信号转换成数字声音信号后单位时间内的二进制数据量。比特率越高,意味着在单位时间内需要处理的数据量越多,音质也就越好(在相同的编码格式下)。

2. 比特率的计算

未经压缩的数字音频比特率可以按照下面的公式计算:

$$比特率 = 采样率(Hz) \times 位深度(b) \times 声道数$$

做一个验证性计算:以采样率 48 000Hz,位深度为 16 位进行立体声采样,使用 Wave PCM 编码得到的音频文件的比特率是多少?

$$比特率 = 48\ 000Hz \times 16b \times 2 = 1\ 536\ 000bps$$

$$1\ 536\ 000bps\ 约等于\ 1536kbps$$

在相同的编码格式下，数字音频文件的比特率越高，文件大小就越大，会占据很多的存储容量。在生活中，音频文件经常需要进行压缩编码，从而降低音频文件的比特率，我们熟悉的 MP3 文件比特率一般是 8k～320kbps。

3. 比特率与文件大小

如果已知比特率，不同时长的数字音频文件的文件大小就可以计算出来。文件大小用字节（B）表示，因此，计算公式如下：

$$文件大小(B)=比特率(bps)×时长(s)/8$$

例如，图 2-18 中数字音频文件的比特率为 128kbps，时长为 3 分 35 秒，用公式计算文件大小的具体过程如下：

$$文件大小=(比特率×时长)/8=(128kbps×(3×60+35)s)/8$$
$$\approx(128\,000×215)b/8\approx3\,400\,000B$$

计算出的文件大小与图 2-19 的文件大小是一致的。从中可以看出，数字音频文件的比特率是单位时间内数据量大小的直观参数，是衡量音频文件质量的一个重要指标。在一些音乐播放类应用程序中，会根据比特率、采样率、编码格式等综合指标划分不同音质等级，如标准音质、极高音质、无损音质等。

图 2-18　示例音频文件的比特率

图 2-19　示例音频文件的大小

2.2.5　音频的文件格式

1. 格式

所谓格式，即数字信息的组织方式。音频数字化以后存储在计算机中，可以存储为不同的格式。

一段音频经过数字化处理以后，所产生的数字信息可以用各种方式编排起来，形成一个个文件。这些文件依据编码方式的差别形成不同的格式。人们还在不断地开发更好、更实用的编码方式。

2. PCM 编码格式

Wave PCM 编码是一种数字音频编码格式。PCM，即脉冲编码调制（pulse code

modulation),是一种未经压缩的音频编码方式,它直接存储采样的声音数据,没有经过任何的压缩处理,因此能够提供非常高的音质。

然而,PCM 编码的缺点也较为明显,那就是信息量大,文件体积大,冗余度过高。这是因为 PCM 编码直接存储了原始的音频采样数据,没有进行任何压缩处理,导致了数据量相对较大。因此,在实际应用中,为了节省存储空间或传输带宽,人们通常会选择压缩编码方式对音频数据进行编码。

3. 压缩编码格式

音频压缩领域有以下两类压缩方式。

有损压缩:在压缩过程中会让原始音频信息受损和失真,意义在于输出的音频文件可以比原文件小很多,如 MP3、WMA、OGG、AAC 等。

无损压缩:无损压缩能够在 100% 保存原文件音频数据的前提下,将音频文件的体积压缩得更小,而还原压缩后的音频文件后,能够得到与源文件完全相同的 PCM 数据(即 WAV 的编码格式),如 APE 和 FLAC 等。

4. 常见的音频文件格式

(1) WAV 格式:WAV 是一种无损音频格式,以未经压缩的方式存储音频数据,因此音质非常好。同时,WAV 格式支持多种音频编码方式,可以容纳多声道的音频信息,具有较高的灵活性。但是,由于 WAV 格式未经压缩,文件体积相对较大,占用存储空间较多。

(2) MP3 格式:MP3 是一种有损音频格式,采用压缩算法压缩音频数据,以减小文件体积。MP3 格式具有广泛的兼容性和适用性,几乎所有的音频播放设备都支持 MP3 格式。同时,MP3 格式的音质也相对较好,能够满足大多数用户的需求。但是,由于采用了有损压缩,MP3 格式在压缩时会损失一定的音频信息,对音质有一定影响。

(3) AAC 格式:AAC(advanced audio coding),即高级音频编码,采用了更加先进的压缩算法,能够在保证音质的前提下进一步减小文件体积。与 MP3 格式相比,AAC 格式具有更高的压缩效率和更好的音质表现。同时,AAC 格式还支持多声道音频编码和多种音频采样率,具有较高的灵活性。

(4) FLAC 格式:FLAC 是一种无损音频压缩格式,采用压缩算法对音频数据进行压缩,以减小文件体积,但不会损失任何音频信息,因此音质与 WAV 格式相当。FLAC 格式还具有开放源代码和免费使用的特点,得到了广泛的应用和支持。

(5) APE 格式:APE 是一种无损音频压缩格式,与 FLAC 格式类似,也能够实现无损压缩和较好的音质表现。但是,APE 格式的压缩率相对较高,文件体积更小,但也需要更高的解码能力和处理速度。

(6) MIDI 音频文件。

上述(1)~(5)都是数字音频波形文件,但实际上,数字音频文件不全是波形文件。数字音频文件主要包括两大类:波形音频文件和 MIDI 音频文件。波形音频文件是通过声音录入设备录制的原始声音,以波形曲线表示,直接记录了原始真实声音信息的数据文件,通常文件较大。而 MIDI 文件则是一种乐器演奏指令序列,它并不直接记录声音波形,而是记录了一系列的音乐指令,通过这些指令可以驱动电子乐器进行演奏。本章讲解并处理的音频文件不包括 MIDI 音频。

2.3 音频获取与处理

在计算机中,可以选择适用的软件产品完成音频的获取与处理。例如,Windows 11 操作系统就有自带的"录音机"功能,可以完成基本的录音及播放,并可以将音频文件存储为 m4a 格式。录音机的功能界面如图 2-20 所示。

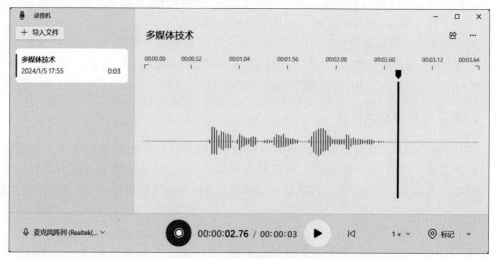

图 2-20   Windows 11 操作系统自带的"录音机"功能

当然,这种自带的音频处理工具功能非常有限。想要获得更丰富的音频处理功能,还有许多可以选择的工具软件。这些音频编辑软件大都具有以下 3 方面的功能。

① 编辑处理。

包括剪切、复制、粘贴、删除、裁剪、静默等基本编辑功能。

② 效果处理。

包括振幅与压限、延迟与回声、滤波与均衡、降噪与恢复、时间与变调、立体声声像等特殊效果的处理。

③ 合成处理。

包括添加轨道、删除轨道、混缩为新文件、节拍器等合成处理功能。

2.3.1 常用音频处理软件

1. GoldWave

GoldWave 是一个集声音编辑、播放、录制和转换功能的音频工具。它还可以对音频内容进行转换格式等处理。它体积小巧,功能却无比强大,支持许多格式的音频文件。

GoldWave 的基本功能界面如图 2-21 所示。

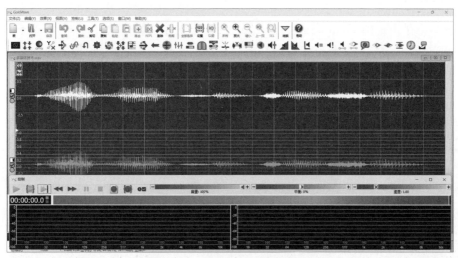

图 2-21　GoldWave 的功能界面

2. Audacity

Audacity 是一款免费开源的音频处理软件,具有录音、音频剪辑、音频格式转换等功能,支持多种操作系统。它的功能界面如图 2-22 所示。

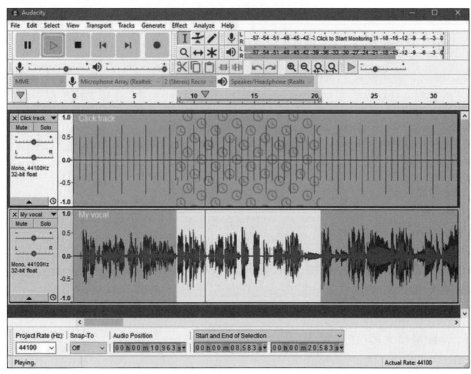

图 2-22　Audacity 的功能界面

3. CuBase

CuBase 是由德国 Steinberg 公司开发的一款专业音乐制作软件,广泛应用于音乐创作、录音、混音等领域。它具有丰富的功能和直观的操作界面,适合各种层次的音乐制作人使用。它的功能界面如图 2-23 所示。

图 2-23　CuBase 的功能界面

4. FL Studio

FL Studio 的全称是 Fruity Loops Studio(水果),是一款由 Image-Line 公司开发的数字音频工作站软件。它提供完整的音乐制作环境,包括编曲、录音、剪辑、混音等功能。用户可以创建和编辑自己的音乐曲目,添加各种乐器、效果和声音素材。它支持多种音频格式导入和导出,并内置了大量高质量的虚拟乐器和音效插件,如合成器、采样器、鼓机等,以满足用户不同的音乐制作需求。它的功能界面如图 2-24 所示。

5. Adobe Audition

Adobe Audition 是 Adobe 公司 CC 系列套件中的专业音频编辑软件,提供强大的混音、剪辑、修复和特效处理功能,适合音频制作人员、剪辑师和音乐制作人使用,可加快音频制作流程,提升音质,实现创意音频设计,是目前主流的音频处理工具。本章后续实验将使用它作为演示工具。Adobe Audition 2023 的多音轨声音编辑界面如图 2-25 所示。

6. 音频剪辑大师(移动端 App)

随着移动端技术的不断进步和应用市场的日益繁荣,手机上能够进行音频处理的工具软件越来越多。以音频剪辑大师为例,它不仅支持高质量的音频录制,还提供了丰富

图 2-24　FL Studio 的功能界面

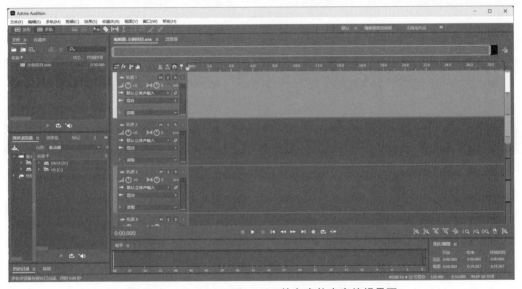

图 2-25　Adobe Audition 2023 的多音轨声音编辑界面

的编辑功能,如剪辑、拼接、混音等。用户可以轻松地对音频文件进行裁剪,添加音效或合成多个音轨,制作出专业的音频作品。它的功能界面如图 2-26 所示。

2.3.2　音频获取与处理实验

1. 实验环境准备

进行音频获取与处理的实验之前,需要安装并测试音频硬件设备及软件。

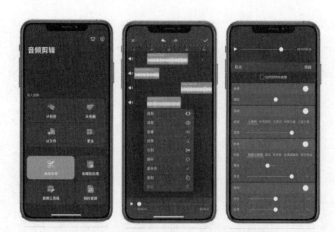

图 2-26　移动端音频剪辑大师的功能界面

　　首先插入音频输入设备（麦克风）和音频输出设备（耳机或扬声器）。在 Windows 11 操作系统下，可以依次单击"开始"→"设置"→"系统"，在"声音"设置窗口中进行音频设备测试，如图 2-27 所示。在音频设备的相应设置窗口中，选择输入和输出设备，调整设备属性，使声音的输入及输出设备能够满足后续实验的要求。

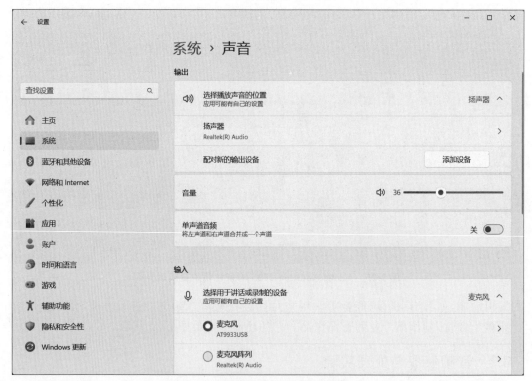

图 2-27　操作系统的"声音"设置窗口

　　本章实验所用的音频输出设备为笔记本自带的扬声器，具体属性信息如图 2-28 所示。

图 2-28　输出设备属性窗口

本章实验所用的音频输入设备为一个 USB 接口的麦克风,具体属性信息如图 2-29 所示。

图 2-29　输入设备属性窗口

2. 软件工具准备

本章使用的演示工具为 Adobe Audition 2023。首先将软件正确地安装到计算机上。启动后，打开 Audition 的主功能界面。开始实验之前，在"编辑"菜单的"首选项"中设置软件的各种常规选项。特别是在"音频硬件"窗口中，正确选择"默认输入"和"默认输出"设备，确保软硬件能够协同起来正常工作，完成音频的输入与输出，具体设置界面如图 2-30 所示。

图 2-30　Audition 首选项的"音频硬件"设置

选择菜单"窗口"→"工作区"，Audition 的工作区有"默认""传统""简单编辑""母带处理与分析"等多种预置选项，如图 2-31 所示，每种工作区都对应一种类型工作的常用面板及摆放方式。本章实验演示使用"默认"工作区。如果在实验过程中浮动面板的位置被调整了，可以使用"工作区"菜单下的"重置为已保存的布局"重置各面板的位置，从而

图 2-31　设置 Audition 工作区

恢复到原始保存的工作区布局。

　　Adobe 系列应用程序都提供多个预置工作区，并且可以自定义工作区。在应用程序的主窗口中，面板被组合成"工作区"（workplace）布局。默认工作区包含面板组和独立面板。我们可以自定义工作区，将面板布置为适合自己工作风格的布局。在 Audition 的"默认"工作区中，默认被打开的面板如图 2-32 所示。

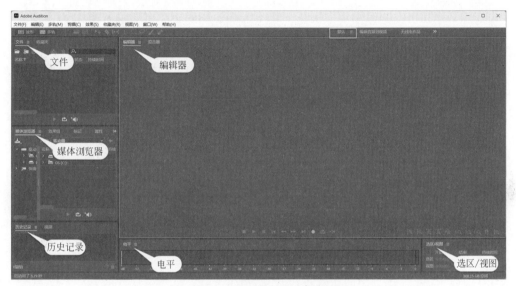

图 2-32　Audition 默认工作区的面板

　　Audition 提供两个编辑环境，通过左上角工具栏的"波形"和"多轨"两个选项进行切换。波形视图用于单个波形文件的处理（图 2-33），多轨视图用于多个音频文件的混音合成处理（图 2-34）。

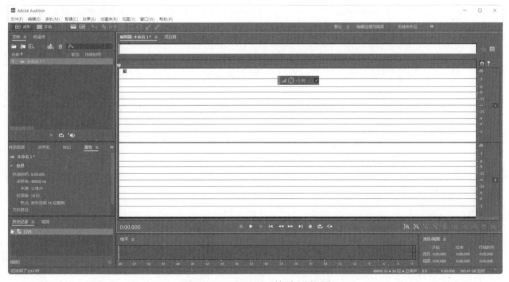

图 2-33　Audition 的波形视图

图 2-34　Audition 的多轨视图

实验 2-1

实验 2-1: 音频录制

1）实验要求

分别使用表 2-1 中不同的数字化参数，将以下文字（注：来自《道德经》节选）录制为数字音频文件，保存为规定的格式，查看文件属性，补充表格内容。

道可道，非常道；名可名，非常名。无名，天地之始；有名，万物之母。

表 2-1　实验用表

序号	采样率	声道数	位深度	文件格式	文件大小	时　长	比 特 率
1	8000Hz	单声道	8 位	1.wav			
2	44100Hz	立体声	16 位	2.wav			
3	44100Hz	立体声	16 位	3.mp3			
4	48000Hz	立体声	24 位	4.flac			

2）实验目的

理解音频数字化过程中采样率、声道数、位深度及编码格式对最终音频质量及文件大小的影响。

3）实验步骤

步骤 1：在 Audition 的菜单栏中依次选择"文件"→"新建"→"音频文件"，启动图 2-35 所示的"新建音频文件"窗口。

步骤 2：为新建音频文件命名，并根据实验要求的参数设置采样率、声道数和位深度。例如，表格中"序号 1"实验的参数设置如图 2-36 所示。选择数字化参数后，单击"确定"按钮。

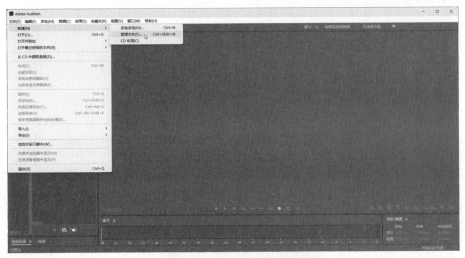

图 2-35　启动新建音频文件

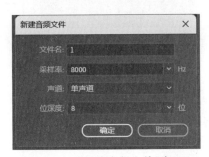

图 2-36　"新建音频文件"窗口

步骤 3：在已准备好音频输入设备的前提下，单击"编辑器"窗口下方控制按钮组中的红色圆点"录制"按钮，即可将声音波形实时地以图形化方式显示在编辑器中。单击控制按钮组中最左侧的"停止"按钮，则停止录制，具体音频录制界面如图 2-37 所示。在音

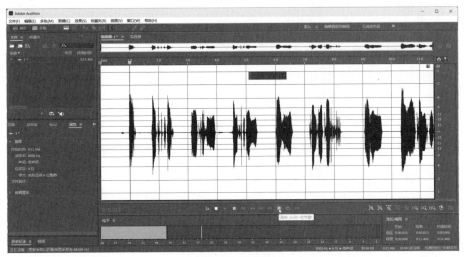

图 2-37　音频录制

频数字化的过程中，录制的过程也就是采样和量化的过程。

步骤 4：录制完成后，在菜单栏选择"文件"→"保存"，开始编码为计算机中存储的二进制文件。在图 2-38 所示的"另存为"窗口中设置文件名称、文件保存位置、编码格式后，音频文件名选项的扩展名会相应确定。如采样参数需要调整，可以在"采样类型"选项后单击"更改"按钮进行重采样。最后，单击"确定"按钮，完成音频文件的保存。

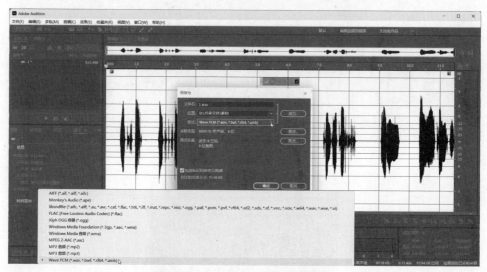

图 2-38　保存音频文件的选项窗口

步骤 5：选择已保存的音频文件 1.wav，右击，查看文件属性信息，按要求填写表格中的空白内容。接下来重复上述过程，按照序号 2～4 的数字化参数完成采样、量化、编码的音频数字化过程，填写表格，比较实验结果的不同。

实验 2-2

实验 2-2：音频剪辑

1）实验要求

按照文字脚本的要求对素材文件夹中的"实验 2-2 原始音频.wav"进行剪辑。

"实验 2-2 原始音频.wav"的文字脚本如下：

雾霾天气，是指在空气湿度较高的情况下，由空气中大量颗粒物引起的混浊现象。而细颗粒物，也就是 PM2.5，其浓度越高，看东西就越模糊。PM2.5，即大气中直径小于或等于 2.5 微米的颗粒物，是雾霾天气的元凶。

请将原始音频按以下文字脚本进行剪辑，并将结果保存为"剪辑后音频.mp3"：

雾霾天气的元凶是细颗粒物 PM2.5。

2）实验目的

掌握音频剪辑的基本方法。

3）预备知识

音频剪辑指对音频文件内容的编辑，可以去掉声音中不需要的声音片段，改变声音的先后顺序,连接多段声音,重新组合声音片段,等等。

　　编辑软件中用声音的波形表示声音,这就使得声音成为"可见的",从声音波形可以看出声音的音量,甚至可以知道声音的内容,这就使得声音的编辑像文字编辑的选择、剪切、复制、粘贴一样方便。通过实验,我们可以熟悉在波形编辑界面下波形的选择及编辑工作。

　　在 Audition 的菜单栏依次选择"文件"→"打开",可以选择一个已有的音频文件编辑。在"编辑器"窗口中看到此音频文件的波形显示,在波形上单击,向右或向左滑动,即可选择编辑区域。双击则可以全部选中波形。选择编辑区域后,该区域会高亮显示,如图 2-39 所示。

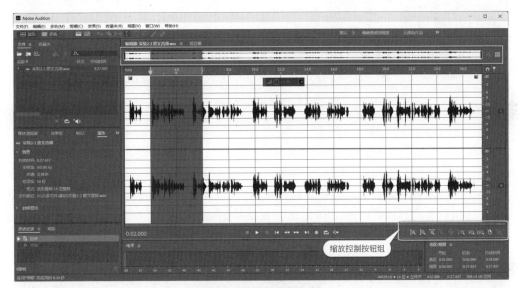

图 2-39　选择编辑区域

　　在编辑过程中,如果波形过于紧密,不方便编辑时,可以利用"编辑器"右下角的波形"缩放控制按钮组"对波形进行水平(时间刻度)或垂直(振幅)方向上的放大或缩小,以方便编辑者进行编辑,这些波形缩放按钮的具体功能如图 2-40 所示。单击"全部缩小",则可以在编辑器窗口中完整显示该波形文件。编辑器上方还有一个完整波形的简图,方便编辑者定位选区。

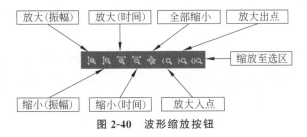

图 2-40　波形缩放按钮

　　确定编辑区域后,右击,可以看到剪切、复制、粘贴等基本编辑操作,如图 2-41 所示。这些编辑操作就像处理文字一样简单。

图 2-41 选区的基本编辑操作

4) 实验步骤

步骤1：在 Audition 菜单栏选择"文件"→"打开"，打开素材文件"实验 2-2 原始音频.wav"，如图 2-42 所示，这是一个已经录制好的立体声语音文件的波形信息。在编辑器的时间标尺中可以看到播放指示器所在的位置，也可以在右下方的选区信息中看到播放指示器开始和结束的具体时间码。有关此音频文件的一些数字化参数信息也可以在界面中方便查看。

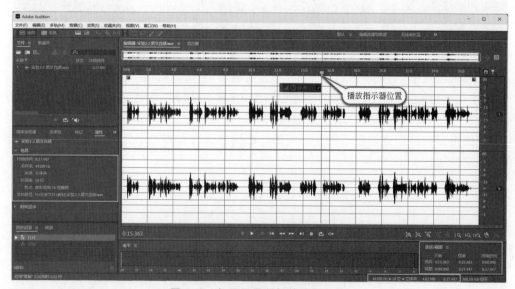

图 2-42 打开已录制好的波形文件

步骤2：单击，在波形上拖动，可以选择需要编辑的波形片段。单击"播放"按钮试听。例如，选择"雾霾天气的元凶"这几个字的波形片段，如果横坐标轴刻度过密，不能细微选择时,可以通过单击缩放控制按钮组中"放大(时间)"横向放大,得到更精确的选区,当单击缩放控制按钮组中的"全部缩小",可以将横向和纵向坐标全部缩小,如图 2-43 所示。右击,在下拉菜单中选择将这个波形片段"复制到新建",即可将所选波形片段复制到一个新建的"未命名 1 *"文件中(文件名后面的 * 表明该文件尚未保存)。

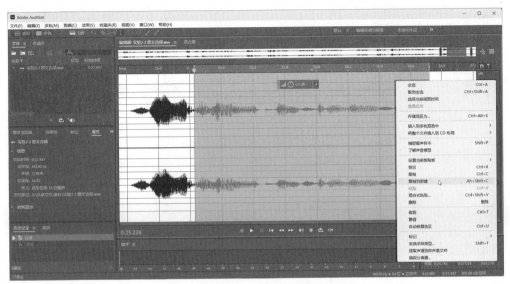

图 2-43　选择选区并将其复制到新建

步骤 3:在 Audition 编辑界面左上角的文件面板下双击"实验 2-2 原始音频.wav",重新打开原始素材文件,选择需要的其他波形片段,右击该选区,在弹出的下拉菜单中选择"复制",而后在文件面板中双击刚刚新建的"未命名 1.wav"文件,将复制的波形"粘贴"到"播放指示器"所在位置。一个新的波形文件就这样一点点剪辑完成了,剪辑后的音频波形文件如图 2-44 所示。

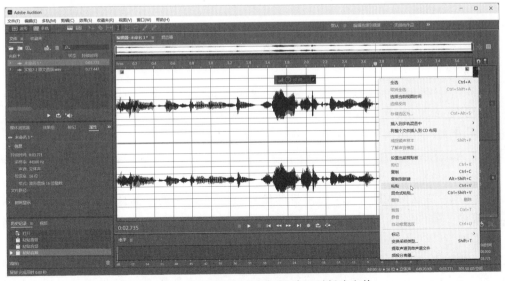

图 2-44　分别"复制"并"粘贴"选区到新建文件

步骤 4：剪辑完成后，单击"播放"按钮试听完整剪辑后音频文件，最后，在主菜单中选择"文件"→"保存"，将剪辑完成的波形文件按实验要求的编码格式及文件命名保存，如图 2-45 所示。

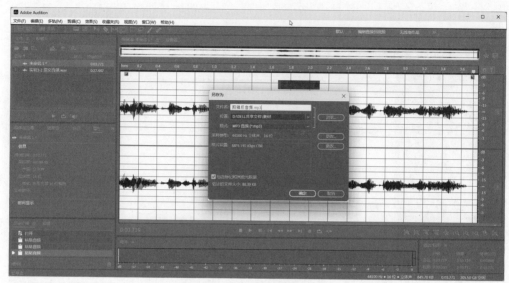

图 2-45　保存剪辑后的音频

实验 2-3

实验 2-3: 基本音效处理

1）实验要求

对一个女声录制的 17 秒诗朗诵声音文件"实验 2-3 女声.wav"进行噪声消除。去噪后，将朗诵语速放慢至 25 秒，并处理为男声效果，而后，为此朗诵添加室内混响音效。最终处理完成的声音文件保存为"音效处理后.mp3"。

2）实验目的

掌握基本的音效处理方法。

3）预备知识

（1）降噪。

噪声：从物理学的角度讲，噪声是发声体做无规则振动时发出的声音。而从音频数字化处理的角度讲，对人们要听的声音产生干扰的声音，都属于噪声。通过 Audition 效果菜单"生成"→"噪声"，产生一段白噪声，具体操作如图 2-46 所示。

在 Audition 中，用同样的生成效果器再生成一段"粉红色噪声"，图 2-47 和图 2-48 显示了两种噪声的波形及频谱。

可以看出，这两种噪声是完全随机的信号，其每个时刻的值都是独立的，没有任何模式或规律可循，频谱上却有一定规律性的特点。其中，白噪声听起来像是电视信号中断时的那种"丝丝"声，或者像下雨的声音、海浪拍打岩石的声音、风吹过树叶的沙沙声等，它是一种频谱密度为常数的随机信号，即此信号在各频段上的功率是一样的。在粉红色噪声中，频谱密度随着频率的增加而逐渐减小，在音频处理中，粉红色噪声可以用于模拟

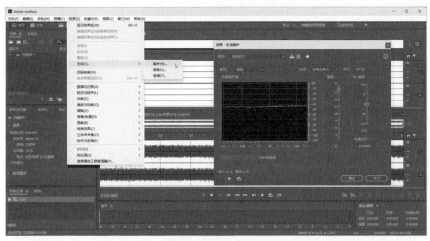

图 2-46 生成白噪声

图 2-47 白噪声的波形和频谱

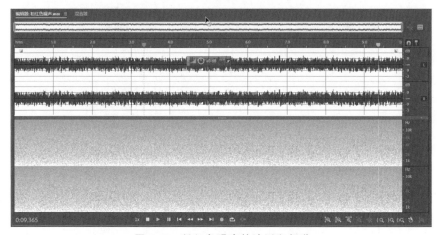

图 2-48 粉红色噪声的波形和频谱

一些自然声音,如瀑布声、雨声等。

在实际录制过程中，不同环境的噪声具有各自的频率特征。可以通过选择合适的录音环境，使用高质量的录音设备，尽量避免在录制过程中产生噪声，还可以使用降噪技术进行后期处理，进一步减少噪声。

采样降噪是目前比较科学的一种降噪方式。它首先获取一段纯噪声的频率特性，然后在掺杂噪声的波形中，将符合该频率特性的噪声从声音中去除。

（2）音效处理。

效果器是提供各种声音效果的音响周边器材，原本主要用于录音棚和电影伴音效果的制作。在音频处理软件中，可以通过数字效果器完成各种丰富的音效处理，每一个效果器都是对数字化音频文件的一种数字运算。

以 Audition 为例，效果菜单主要提供 10 类效果器，每一类包括多种效果器，具体如图 2-49 所示。这些效果器能够针对声音的音强、音调、音色这三个要素中的其中一个或

图 2-49　Audition 的音频效果器

多个进行处理。例如,"振幅与压限"类别中就包括"增幅""声道混合器"……,都是对音强的不同运算。

效果器的使用非常简单,只需在波形文件中选取选区,而后在"效果"菜单选择相应的效果,对效果窗口中的参数进行设置,单击"应用"按钮,即可完成效果处理。

举个简单的例子。淡入和淡出指声音的渐强和渐弱,通常用于声音的开始、结束,两个声音素材的交替切换,产生渐近或渐远的效果设置。淡入效果使声音从无到有、由弱到强。而淡出效果则正好相反,即声音逐渐消失。淡入与淡出的过渡时间长度由编辑区域的宽窄决定。在 Audition 中,可以依次选择"效果"→"振幅与压限"→"淡化包络(处理)"效果器,选择"平滑淡入"的预设,达到音量的平滑淡入设置,具体操作如图 2-50 所示。

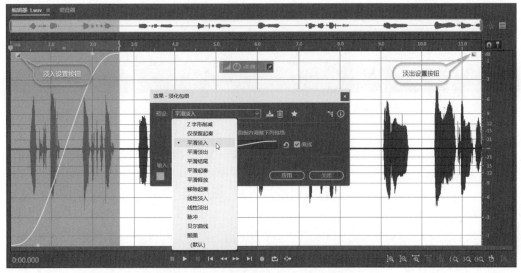

图 2-50 振幅与压限——淡化包络处理

由于淡入淡出设置很常用,在编辑器波形显示窗口中,还设置了左上角的"淡入设置按钮"和右上角的淡出设置按钮,以更方便地设置淡入淡出效果。

而对于其他丰富的效果器,我们可以根据不同的需要选择和应用。例如,混响是指把指定编辑区域的声音滞后一段时间再叠加到原来的声音上。影响混响效果的参数是叠加声音的音量和滞后时间长度。根据延迟信号的延迟时间和幅度不同,可以调制出任何大小房间、音乐厅、礼堂、山谷等环境的音响效果。混响时间短,声音干涩,声音就像在近前发出的一般,而混响时间长,声音圆润,则具有空旷感。例如,滤波与均衡中的滤波器均衡器用来强调或者削弱声音中的某些频率。再例如,时间与变调效果可以伸缩声音和调节声音音调的高低,等等。

效果器还可以成组使用,达到更丰富的叠加效果。如果想将原音频修改为空旷幽灵回声的效果,可以使用 Audition 提供的"效果组"中的预设,单击"应用"按钮,将"回声""通道混合器""增幅"3 个效果器叠加作用到当前音频上,从而获得组合效果。在编辑器窗口中,可以单击右上角的"显示预览编辑器"按钮查看效果组应用前和应用后的波形对比，如图 2-51 所示。

图 2-51　使用"空旷幽灵回声"效果器组预设

4）实验步骤

步骤 1：在 Audition 中打开"实验 2-3 女生.wav"的音频波形。在编辑器中单击右下方的波形水平放大按钮，放大波形，找出一段适合作噪声采样的波形，拖动，选取这一段波形。右击选区，选择"捕捉噪声样本"，捕捉当前音频选区，并在下次降噪效果启动时作为噪声样本加载，如图 2-52 所示。

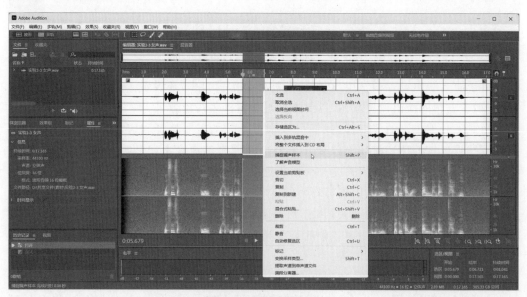

图 2-52　采样噪声样本

步骤 2：采样了噪声样本后，我们尝试在整个声音波形中去除同样特征的噪声。双击选中完整声音波形,在效果菜单中选择"降噪/恢复"→"降噪(处理)",打开"效果:降噪"窗口,如图 2-53 所示,Audition 的效果器默认了降噪的一些基本参数来进行常规降噪,如需调整,可自行修改降噪比例及幅度等参数。在效果器左下角还可以通过单击"预览播放/停止"按钮试听效果。如对降噪效果满意,则单击右下角的"应用"按钮完成降噪工作(如失真太大,说明降噪采样不合适,需重新采样或调整参数,需要注意,无论何种方式的降噪都会对原声有一定的损害)。

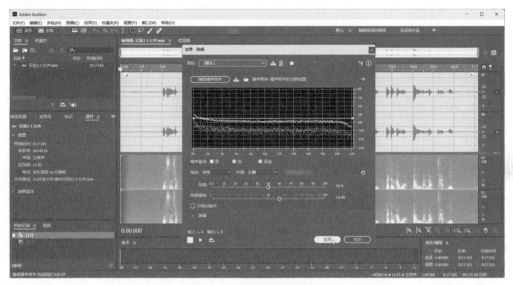

图 2-53　降噪效果器窗口

步骤 3:从图 2-54 和图 2-55 可以看出降噪前与降噪后的波形及频谱的差别。如果想要得到更好的降噪效果,可以进行二次降噪,还可以对波形进行分段采样降噪的处理。

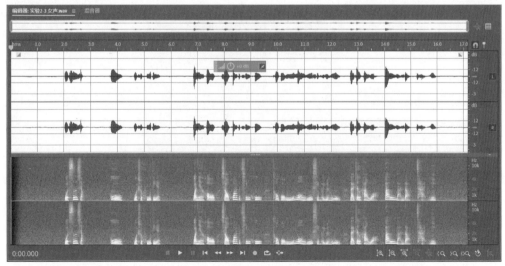

图 2-54　降噪前的波形及频谱

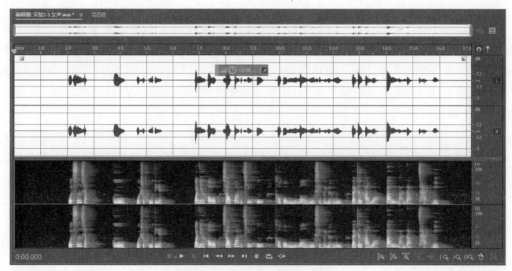

图 2-55　降噪后的波形及频谱

步骤 4：将声音波形处理为 25s 的男声，这里既涉及音调的变化，又涉及语速的变化，需要对变调和变速进行区别理解。变调需要调整声音波形的振动频率，振动频率越大，则音调越高。而变速则仅是持续时长的缩短或延长，反映为语速的变快和变慢，并不改变音调。双击，选中完整波形。在"效果"菜单中选择"时间与变调"→"伸缩与变调（处理）"，可以分别对波形进行变调或伸缩的处理。

首先，在效果器窗口中设置"新持续时间"为 25s，重新采样后伸缩滑块取值已变为 145.64%，单击"应用"按钮，该音频的持续时长变长，语速变慢，如图 2-56 所示。

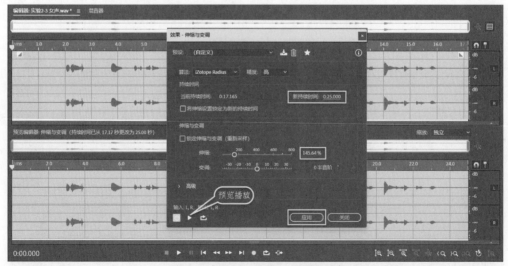

图 2-56　伸缩处理——语速变慢

步骤 5：接下来，双击波形文件，再次打开"伸缩与变调（处理）"效果器，将伸缩设为 100%，保持音频时长为 25s。然后，对变调滑块的取值进行降低音阶的调整，例如图 2-57

是将音阶降了 5.65 半音阶,使音调变低为男声,单击"应用"按钮,将效果应用到音频。

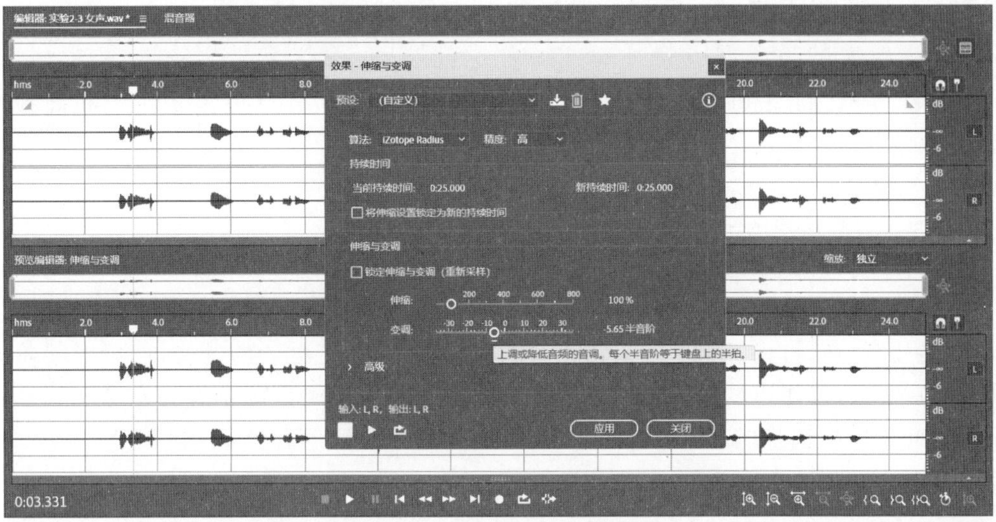

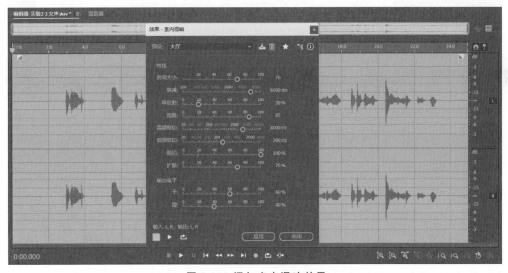

图 2-57　变调处理——降低音调

步骤 6:然后,还需为音频添加室内混响音效。选中波形文件,在"效果"菜单中选择"混响"→"室内混响",则可以获得声音处于不同房间的混响效果。例如,在图 2-58 中,把音频设置为 $70m^2$ 大厅环境下的室内混响预设。最后,单击"应用"按钮完成效果的添加。

图 2-58　添加室内混响效果

步骤 7:实验的最后,选择"文件"→"另存为"命令,完成对音效处理结果的保存,选择 mp3 编码格式将文件保存为"音效处理后.mp3"。

实验 2-4：去除杂音

1）实验要求

去除"实验 2-4 采访现场.wav"这段现场采访音频中的杂音（包含电话铃声、高频鸣音、环境噪声等）。

2）实验目的

掌握通过频谱视图辨别及去除杂音的基本方法。

3）实验步骤

步骤 1：在 Audition 中打开待处理的声音文件，在编辑器中可以看到它的完整波形。单击"播放"按钮，可以听到这段采访语音的前半段，混杂了电话的铃音，而后半段环境噪音特别明显，仅使用波形剪辑的方法很难去除这些不同类型的杂音。在 Audition 左上方的工具栏中选择"显示频谱频率显示器"，即可看到声音的频谱信息，如图 2-59 所示。

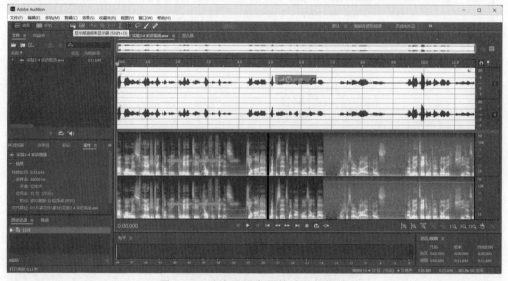

图 2-59　采访现场音频的波形与频谱

步骤 2：在频谱图中，我们非常明显地看出了一些杂音所在的位置及基本情况。例如，前半段语音混入了电话铃音的频谱，即一段横向的异常频谱信息。使用编辑器左上方工具栏中的"框选工具"，在频谱中框选出这些异常频谱区域，右击，在弹出的下拉菜单中选择"删除"命令，删除框选的区域频谱，如图 2-60 所示。由于电话铃音所在的频段与人声所在频段有很大差异，人声部分并未被影响。

步骤 3：在后半段的频谱中，高频部分有一条明显的高频鸣音，也可以使用"框选工具"框选后删除的方法，如图 2-61 所示。

步骤 4：在后半段的频谱中，还可以看到弥漫在所有频段的环境噪声，可以使用"实验 3 基本音效处理"中所讲，用"捕捉噪声样本"后再"降噪处理"的方法去除环境噪声，如图 2-62 所示。

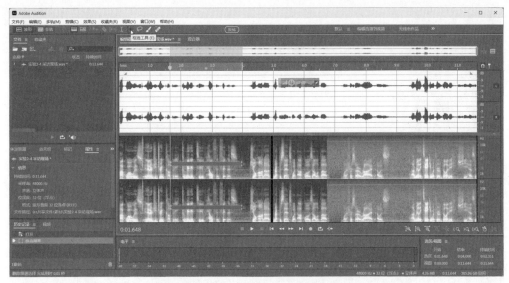

图 2-60　使用"框选工具"选择频谱区域

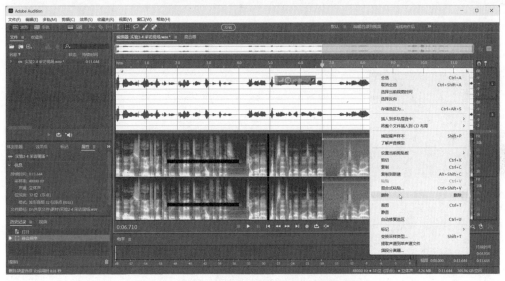

图 2-61　使用"框选工具"选择并删除高频杂音

步骤 5：另外，对于一些短时杂音，例如，示例音频中 1s 左右位置有一个响指声音，可以使用工具栏中的"污点修复画笔"工具，用合适笔头大小的画笔涂抹短时杂音的频谱，使之与周围时间的正常频谱一致，达到去除杂音的目的，如图 2-63 所示。

步骤 6：通过多种方法的应用，这段现场采访录音中的多种杂音获得了有效去除，形成了较为纯净的现场采访语音音频，最后，保存完成后的音频文件。

实验 2-5: 消除人声

1）实验要求

对"实验 2-5 人声消除.flac"歌曲中的人声部分进行消除，保留歌曲的伴奏。

实验 2-5

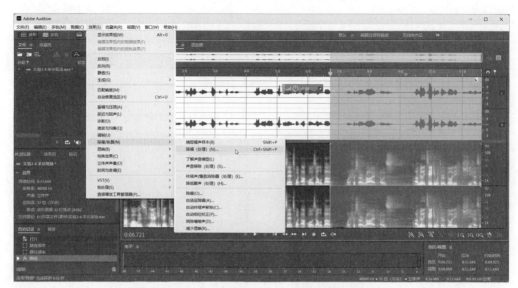

图 2-62　使用"降噪（处理）"效果器消除环境噪声

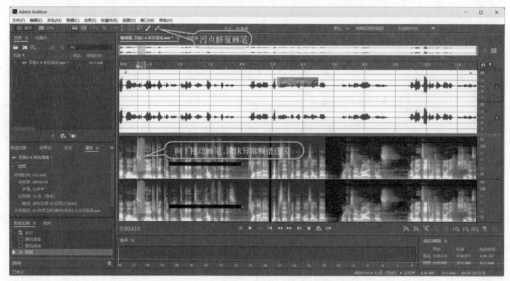

图 2-63　使用"污点修复画笔"去除短时杂音

2）实验目的

理解中置声道提取效果器的基本原理，掌握使用中置声道效果器完成歌曲中人声消除的基本方法。

3）预备知识

人声消除是一种可以将立体声歌曲的人声消除的技术。由于录制歌曲的基本方式是先将人声录制到一个单声道的音轨当中，再将这个音轨插入立体声的歌曲伴奏中，这样便形成了一首完整的歌曲。混音的时候，通常将人声的轨道平均混合到歌曲伴奏中，也就是说，人声的波形在歌曲的两个声道是相同或相似的，因此可以采取两个声道相减运算来基本消除立体声歌曲中的人声。

这种方法有时会损失歌曲中的低音（400Hz以下的频段），因此需要进行补偿。有的歌曲的低音部分主要由鼓或贝斯组成，由于鼓或贝斯的低音部分在左右声道的波形基本相同，所以消除人声的时候也会消除音乐的低音部分，因此，想要获取更好的效果，可以通过低音补偿进行弥补（注：可以使用"滤波器"中的"动态均衡器"效果器调整"频率"参数，"频率"参数决定了低通滤波器的高音截止频率，在此频率以下的声音会保留，高于此频率的声音被衰减。所以，如果待处理的是音调较高的女声的歌曲，可以适当提高这个频率，原则上不超过250Hz，男声建议设置在150Hz以下）。

4）实验步骤

步骤1：在Audition中选择菜单"文件"→"打开"，打开需要去除人声的歌曲文件。双击波形，选中整个波形，在菜单栏中依次选择"效果"→"立体声声相"→"中置声道提取器"，如图2-64所示。在打开的效果器设置窗口的"预设"选项中选择"人声移除"。

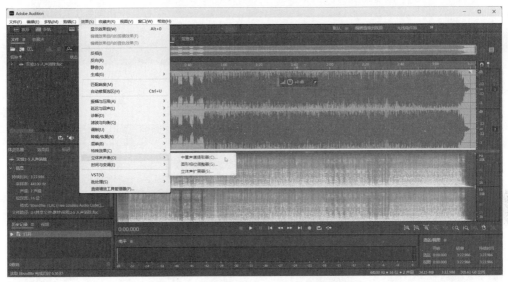

图 2-64　立体声声相——中置声道提取器

步骤2：打开效果器，在图2-65所示的"效果-中置声道提取"窗口中选择"人声移除"预设，默认是将中心声道电平降低了40dB，而侧边声道电平则保持不变。在此窗口中，还可以根据需要手动调节各参数，达到对不同人声的更好消除。单击左下角的"预览播放"按钮可以预览效果，单击"应用"按钮完成音频的效果运算，达到人声移除，只余伴奏音乐。也可以使用这个算法完成降低侧边声道电平，提高中心声道电平，从而提取人声的反运算。

步骤3：单击效果器中的"应用"按钮后，原歌曲中的人声部分基本去除，处理后的音频波形和频谱如图2-66所示。

需要注意的是，不是每首歌曲都能实现人声去除后满意的效果，这与歌曲人声与伴音的音量大小、录制技术等因素相关。有些歌曲可以一句一句地选取人声音块，再消音，这样效果会更好一些。当然，用同样的效果器，设置不同的参数，也可以完成无伴奏人声

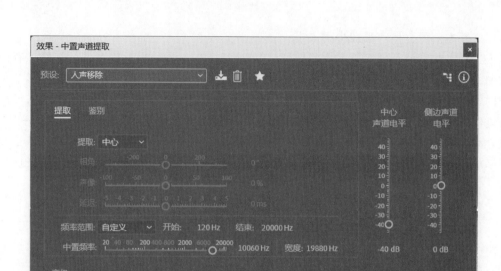

图 2-65　"中置声道提取"效果器参数设置

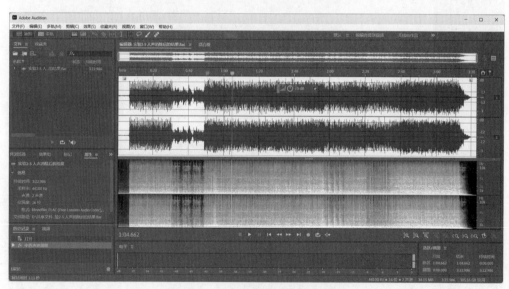

图 2-66　人声消除后的波形和频谱

提取、提高人声等操作。目前，许多人声移除的应用程序或移动端 App 产品可以得到人声移除或人声提取等效果。

实验 2-6

实验 2-6：多轨混音

1）实验要求

请使用给定素材，将以下现代诗（诗名：《面朝大海 春暖花开》；作者：海子；背景音乐：BGM.mp3）制作为配乐诗朗诵作品。要求提交 CD 音质的"配乐诗朗诵.mp3"文件。

面朝大海，春暖花开

从明天起，做一个幸福的人
喂马，劈柴，周游世界
从明天起，关心粮食和蔬菜
我有一所房子，面朝大海，春暖花开

从明天起，和每一个亲人通信
告诉他们我的幸福
那幸福的闪电告诉我的
我将告诉每一个人

给每一条河、每一座山取一个温暖的名字
陌生人，我也为你祝福
愿你有一个灿烂的前程
愿你有情人终成眷属
愿你在尘世获得幸福
我也愿面朝大海，春暖花开

2）实验目的

掌握多音轨声音编辑与混音技术。

3）实验步骤

步骤 1：准备好音频录制及处理所需的硬件及软件。在 Audition 的菜单栏依次选择"文件"→"新建"→"音频文件"，打开"新建音频文件"的参数设置窗口，如图 2-67 所示。CD 音质通常为采样率 44.1kHz，位深度为 16 位的立体声文件，按照需要设置音频的文件名及相应的数字化参数。单击"确定"按钮，打开波形编辑器界面。

步骤 2：在打开的波形编辑器界面上完成音频的录制、剪辑、去噪、音效处理等工作，具体的步骤和方法可以参考实验 2-1～实验 2-4。

图 2-67　新建 CD 音质的音频文件

步骤 3：处理完人声部分的诗朗诵后，需要为它配上背景音乐。要把语音和背景音乐混音到一起，就要打开一个多轨会话，同时处理两个音频文件的混音合成。在"文件"面板中右击"诗朗诵"文件，在弹出的下拉菜单中选择"插入到多轨混音中"，此时，就需要新建一个多轨会话来完成后续操作。

步骤 4：打开"新建多轨会话"窗口，如图 2-70 所示，在其中设置会话名称、文件夹位置及多轨会话的数字化参数。单击"确定"按钮。

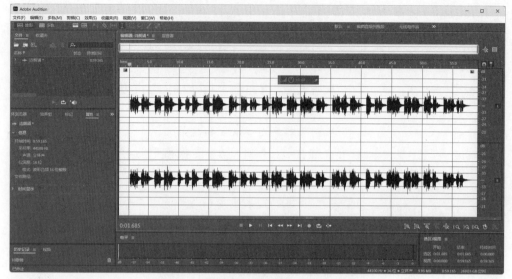

图 2-68　录制诗朗诵的波形编辑器界面

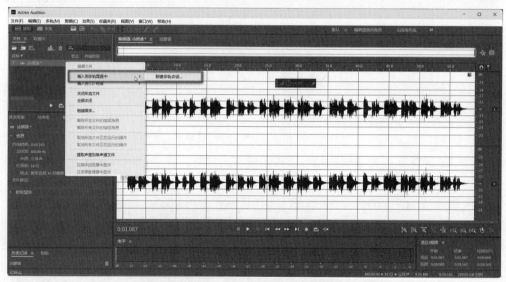

图 2-69　将诗朗诵插入多轨混音中

图 2-70　"新建多轨会话"窗口

步骤 5：打开"多轨"视图的编辑器窗口，如图 2-71 所示。这个多轨会话以 sesx 为扩展名，保存在计算机中。在多轨视图中，诗朗诵的波形已被放置到轨道 1，其他的多条轨道均为空，等待放置其他音频波形文件。在这个视图中，可以完成最多 128 条轨道的混音合成。

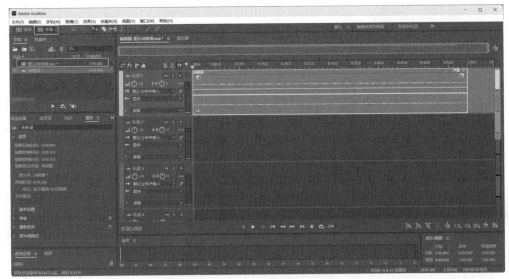

图 2-71　打开配乐诗朗诵多轨会话

步骤 6：在"轨道 2"上右击，在弹出的快捷菜单中选择"插入"→"文件"，插入背景音乐 BGM.mp3 文件。单击轨道 1 上的音块，可以向右拖动一些，使音乐播放一会儿，诗朗诵再开始，如图 2-72 所示。

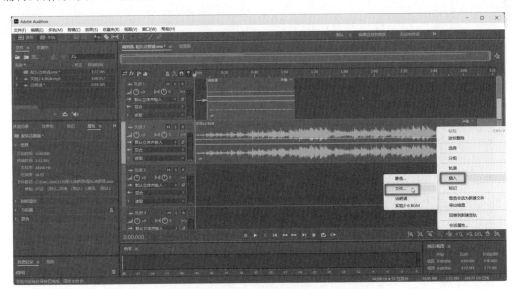

图 2-72　插入背景音乐音轨

步骤 7：单击编辑器下方的"播放"按钮，试听两个音轨混音的效果。多个音轨混音主要有两类问题需要处理：第一是时长搭配，第二是音量协调。对于诗朗诵结束后轨道2中多余的伴奏音乐部分，可以使用工具栏中的"切断所选剪辑工具"，图 2-73 中已标示，在需要断开的位置单击切断剪辑，而后右击不需要的音块，选择"删除"音块。如果伴奏声音过大，遮盖了人声，可以通过适当降低轨道 2 的音量来突出轨道 1 的人声。每个轨道都有一条黄色的音量包络线，拖动此线上移升高音量，反之则降低音量。在音量包络线上，可以通过添加关键帧的方式自由地改变包络线的形状，得到丰富的音量变换效果。

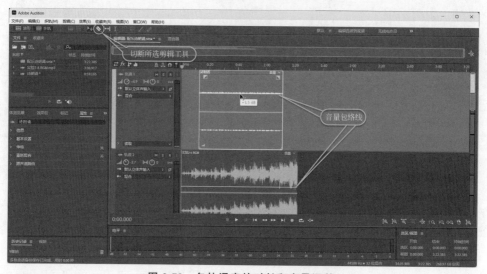

图 2-73　多轨混音的时长和音量调整

步骤 8：另外，可以对伴奏音乐进行淡入淡出的设置。在轨道 2 上单击，在音块开始位置可以看到小正方形的"淡入设置"按钮，在音块结束位置可以看到"淡出设置"按钮，分别右击这两个按钮，可以对音块的起始和结束进行线性或余弦方式的淡入及淡出设置，如图 2-74 所示。双击任意轨道上的波形文件，都可以回到"波形"视图，对单个音频波

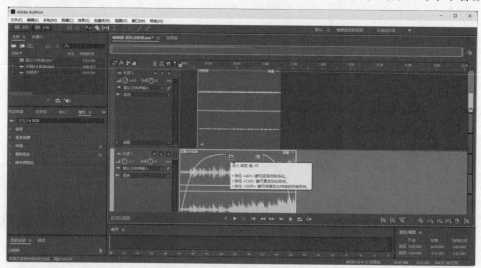

图 2-74　音轨的淡入淡出设置

形进行剪辑和效果处理。"多轨"视图和"波形"视图之间可以方便地切换。"多轨"是由多个"波形"文件混音合成的会话。

步骤 9：处理完混音后，需要将两条轨道混音合成在一起，形成配乐诗朗诵作品的音频文件。依次在菜单栏中选择"导出"→"多轨混音"→"整个会话"，合成当前会话中的所有轨道，如图 2-75 所示。导出的结果按需要的格式及采样参数进行编码，也可以单击"更改"按钮对音频文件进行重采样，使导出的音频文件符合要求，在图 2-76 中将混音结果保存为 CD 音质的 mp3 文件。

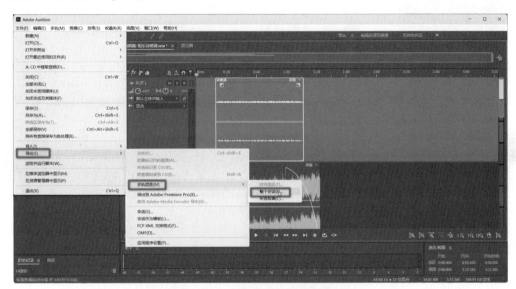

图 2-75　选择导出多轨混音结果

图 2-76　导出多轨混音为 mp3 文件

步骤 10：导出结束后，Audition 的文件面板已形成了混音文件"配乐诗朗诵.mp3"。至此，通过录制、剪辑、混音等几个过程完成了一个配乐诗朗诵的制作，它的波形信息如图 2-77 所示。

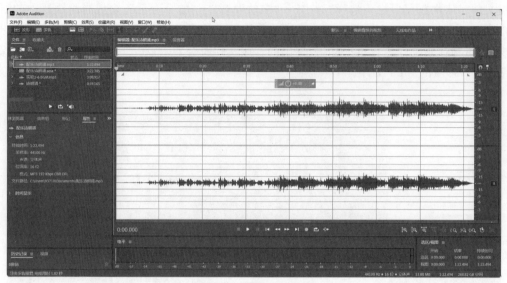

图 2-77　多轨混音结果

实验 2-7

实验 2-7: 音乐工程

1）实验要求

使用已录制好的各音轨文件，完成歌曲 1 的混音。对歌曲 1、歌曲 2、歌曲 3 等多首音乐作品完成匹配响度和母带分析，建立一张 CD 的布局。

2）实验目的

了解一般音乐合成的方法及母带分析处理的常见工作。

3）预备知识

音乐工程是一个相当广泛和多元的领域，常见的音乐工程主要包括以下工作内容。

音乐制作与编曲：它涉及创作和编排音乐，包括旋律、和声、节奏和音色等元素。这可能需要使用数字音频工作站（DAW）和各种音乐软件，以及硬件合成器、采样器和音频处理器等设备。例如，使用 2.3.1 节介绍的电子编曲软件完成音乐的创作和编排。

录音与混音：包括在录音室中录制音乐，设置麦克风、调整录音设备，以及确保音质清晰、无噪声。在混音阶段，则需要将各个音轨混合在一起，调整音量、平衡和效果，使整体音乐听起来和谐一致。

母带处理：这是确保音乐作品在最终呈现给听众时达到最佳音质的最后一道关卡，涉及对整个专辑或单曲进行最后的调整和处理，以确保音质的一致性和最佳播放效果。这可能包括调整音量动态范围、添加淡入淡出效果，以及进行最后的音质检查。

通过本实验，我们可以尝试一些其中的工作内容。

4）实验步骤

步骤 1：在 Audition 的菜单栏依次选择"文件"→"新建"→"多轨会话"，在打开的"新建多轨会话"窗口中设置会话名称等参数，如图 2-78 所示。

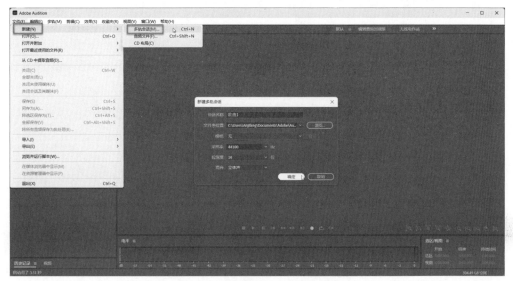

图 2-78　新建歌曲 1 的多轨会话

步骤 2：在"歌曲 1.sesx"多轨会话的轨道上右击，在弹出的快捷菜单中选择向空白的轨道 1 上"插入"音频文件，如图 2-79 所示。在打开的"导入文件"窗口中拖动选择歌曲 1 合成时所需的 8 个音频文件，其中包括贝斯、鼓、吉他、人声等不同要素，如图 2-80 所示。

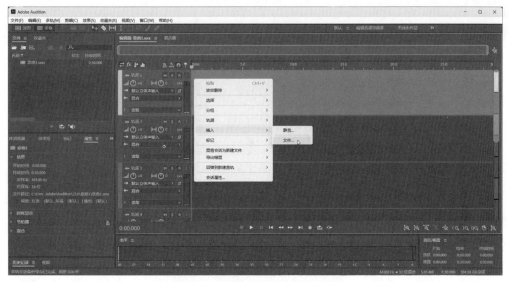

图 2-79　选择向轨道上插入文件

当选择将多个剪辑插入多轨会话时，Audition 会弹出图 2-81 所示的提示，此时选择"将每个文件放置在各自的轨道上"单选按钮，可以免于一个一个地导入文件，而一次性

图 2-80　导入所需文件

地将多个文件导入各轨道。单击"确定"按钮完成操作。

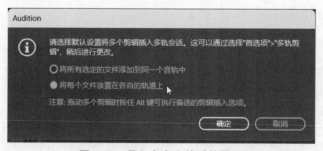

图 2-81　导入多个文件时的提示

步骤 3：在歌曲 1 的多轨编辑器窗口中，每一条轨道都已经插入了音频文件。每条轨道的波形前面有"M（Mute，静音）""S（Solo，独奏）""R（Record，录音）"3 种轨道状态，轨道前方还各自设置了音量和立体声平衡的调节旋钮，如图 2-82 所示。

步骤 4：在多轨混音时，时长和音量是两大需要协调的因素。单击下方的"播放"按钮，可听到当前混音效果。如果要设置实时音量，可以在播放状态下将"编辑器"选项卡切换到"混音器"选项卡，这如同一个软调音台，可以通过滑动条对各轨道音量进行实时调整，如图 2-83 所示。

步骤 5：完成多轨编辑和处理后，依次选择菜单"文件"→"导出"→"多轨混音"→"整

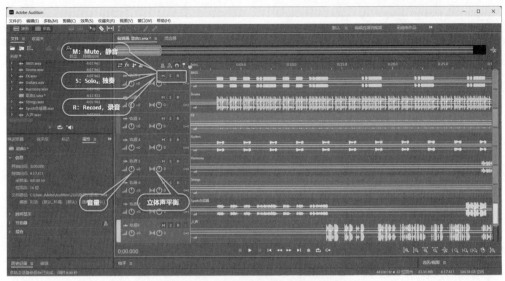

图 2-82　歌曲 1 的多轨编辑器窗口

图 2-83　多轨视图下歌曲 1 的混音器

个会话",将歌曲 1 混音为"歌曲 1.wav"文件,如图 2-84 所示。

步骤 6:当歌曲 1、2、3 需要布局在一张 CD 上时,3 首歌曲的音量要做到和谐一致。通过打开菜单栏"效果"→"匹配响度",在 Audition 左下方开启了"匹配响度"面板,如图 2-85 所示。将文件面板中的歌曲 1、歌曲 2、歌曲 3 的音频文件拖放到面板中,如图 2-86 所示,从而使所有歌曲调整到一个特定的目标响度,确保它们在播放时具有相同的音量感受。另外,在母带处理阶段,除了匹配响度之外,经常还需要进行"相位分析""立体声场处理"等发布前的润色工作。

步骤 7:依次选择菜单中的"文件"→"新建"→"CD 布局",如图 2-87 所示,在 CD 布

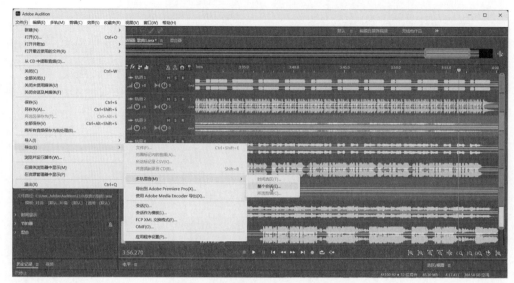

图 2-84　导出歌曲 1 的多轨混音结果

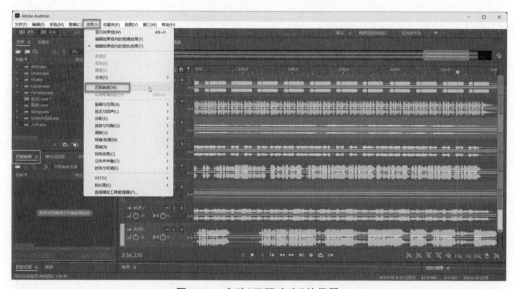

图 2-85　启动"匹配响度"效果器

局的编辑器中拖放多首歌曲，可以将它们布局到一张 CD 中，并可以修改歌曲和歌曲之间的暂停时间、字幕文字等信息，最终将音频刻录到 CD 中，形成发布作品，如图 2-88所示。

实验 2-8

实验 2-8: 音频生成技术

1）实验要求

请尝试选择目前主流的语音生成和音乐生成产品，创作一个 mp3 格式的音频作品，能够包含语音和风格匹配的背景音乐，展现以下本课程宣传脚本的内容。

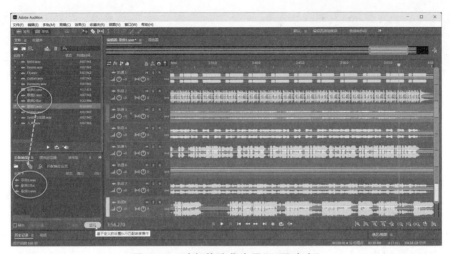

图 2-86 对多首歌曲应用"匹配响度"

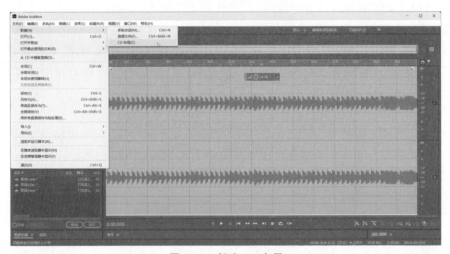

图 2-87 新建 CD 布局

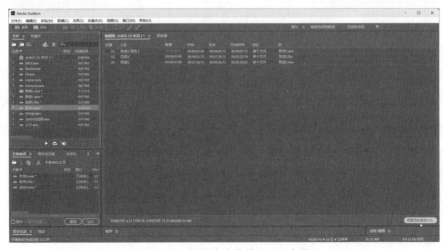

图 2-88 将多首歌曲放入 CD 布局

生活中随处可见音频、图像、动画、视频这些多媒体的基本要素，它们丰富多彩的表象掩盖了其0与1的数字化本质。让我们以 Adobe 系列软件为演示工具，揭开它们的神秘面纱，用多媒体技术轻松改变它们的模样，让声音更动听，图像更悦目，动画更美妙，视频更美好。与我一起，共享多媒体技术之旅！

2）实验目的

了解并体验当前的语音生成技术和音乐生成技术。

3）预备知识

音频生成技术主要依赖人工智能，特别是深度学习算法，通过对大量音频数据的学习和分析提取出音频的特征和规律，从而生成新的音频数据。它可以模拟人类语音、音乐或其他声音，生成全新的音频内容。

音频生成技术可以被细分为语音合成技术（主要针对语音的生成）和音乐生成技术（主要针对音乐的生成）。其中，语音合成技术涉及的领域包括声学、语言学、数字信号处理等，它可以将文字信息转换为标准语音，使机器实现如人类一般的实时语言表达。而音乐生成技术则更侧重音乐创作和编曲方面，能够自动生成具有特定风格和特征的音乐作品。

这些技术在许多领域都有广泛的应用，如语音助手、智能客服、智能语音翻译、电影游戏音效设计等。随着算法和计算能力的提升，音频生成技术的音质和清晰度将不断提高。

4）实验步骤

步骤1：选择一种语音生成产品（Text-to-Speech，TTS 产品），完成将文字转换为语音的工作。例如，Audition 的语音生成效果如图 2-89 所示。再例如，ElevenLabs 语音生成 AI 的使用界面如图 2-90 所示。可以尝试比较多种不同产品的生成效果，体验目前语音生成技术的发展现状。

图 2-89　Audition 的语音生成效果

图 2-90   ElevenLabs 语音生成界面

步骤 2：选择一种音乐生成产品，完成一段与文字内容风格匹配的背景音乐生成。例如，Stable Audio 音乐生成 AI 的使用界面如图 2-91 所示。可以尝试比较多种不同产品的生成效果，体验音乐生成技术的发展现状。

图 2-91   Stable Audio 音乐生成界面

步骤 3：使用音频编辑软件，将生成的语音文件和音乐文件混合在一起。对混合后的音频进行简单的剪辑和调整，以确保语音和音乐之间的协调。最后导出混音 MP3 文件。

2.4　习　　题

单选题

(1) CD音质音频文件的标准采样率是(　　)Hz。

    A. 48000　　　　　　B. 44100　　　　　　C. 32000　　　　　　D. 8000

(2) 对同一个声音文件进行编码时,(　　)编码格式的数据量最大。

    A. WAV　　　　　　B. WMA　　　　　　C. MP3　　　　　　D. APE

(3) 振动产生声音,影响声音音调的是(　　)。

    A. 振动幅度　　　　　　　　　　　　B. 振动频率

    C. 谐波的多少　　　　　　　　　　　D. 基音的能量大小

(4) 在将音频数字化时,音频的质量相当于CD音质的是以下(　　)系列参数。

    A. 采样率为11.025kHz,位深度为16b,立体声

    B. 采样率为44.1kHz,位深度为16b,立体声

    C. 采样率为22.05kHz,位深度为8b,立体声

    D. 采样率为96kHz,位深度为8b,单声道

(5) 一个立体声,时长1分钟,位深度为16位、44100Hz采样率的声音文件,不压缩时的数据量大约是(　　)MB。

    A. 10　　　　　　　B. 20　　　　　　　C. 40　　　　　　　D. 80

(6) 人的发音器官所发出声音的振动频率范围是(　　)。

    A. 20～20000Hz　　　　　　　　　　B. 0～120Hz

    C. 80～3400Hz　　　　　　　　　　　D. 无限

(7) 将模拟声音信号转换为数字音频信号的声音数字化过程是(　　)。

    A. 采样→量化→编码　　　　　　　　B. 采样→编码→量化

    C. 量化→编码→采样　　　　　　　　D. 编码→采样→量化

(8) 以下不具有音频编辑功能的软件是(　　)。

    A. Audition　　　B. Sound Forge　　C. CoolEdit　　　D. Photoshop

(9) 如果电话语音的频率范围是80～3400Hz,根据奈奎斯特理论,要达到对电话语音的无损采样,应选择的采样率大小是(　　)。

    A. 80Hz　　　　　　B. 1700Hz　　　　　C. 3400Hz　　　　　D. 8000Hz

(10) 在多媒体音箱中,杜比环绕声的声道数是(　　)。

    A. 5.1　　　　　　　B. 4.1　　　　　　　C. 2.1　　　　　　　D. 2

(11) 人类听觉感官能够感受到的声音频率范围是(　　)。

    A. 0～2kHz　　　　　　　　　　　　B. 0～20kHz

    C. 20～2kHz　　　　　　　　　　　　D. 20～20kHz

(12) 影响音频数字化质量的3个基本要素是(　　)、位深度和声道数。

    A. 采样率　　　　　B. 分辨率　　　　　C. 时长　　　　　　D. 帧频

(13) 如果想要无损地将以下声音数字化,(　　)对采样频率要求最高。

　　　　A. 电话音　　　　　B. 语音　　　　　　C. 敲鼓声　　　　　D. 管弦乐团演奏

（14）计算机主机与有源音箱之间的接口电路是（　　）。

　　　　A. 网卡　　　　　　B. 声卡　　　　　　C. 显卡　　　　　　D. 视频采集卡

（15）（　　）接口用来连接话筒，直接输入现场的声音信号。

　　　　A. mic　　　　　　B. line in　　　　　C. line out　　　　　D. speaker

（16）数字音频文件的比特率与（　　）数值无关。

　　　　A. 采样率　　　　　B. 位深度　　　　　C. 时长　　　　　　D. 声道数

（17）以下数字音频文件格式，（　　）不是无损编码格式。

　　　　A. WAV　　　　　　B. WMA　　　　　　C. APE　　　　　　D. FLAC

（18）判断一个数字音频文件质量好坏的直观指标是（　　）。

　　　　A. 文件大小　　　　B. 采样率　　　　　C. 位深度　　　　　D. 比特率

（19）一个数据量为 2MB，使用 PCM 编码而成的 wav 格式数字音频文件，将其另存为 mp3 格式时，文件的数据量会接近（　　）取值。

　　　　A. 250KB　　　　　B. 2KB　　　　　　C. 2MB　　　　　　D. 20MB

（20）一些音乐平台会出现图 2-92 所示的音质选项，音质下方的数值被称为（　　）。

图 2-92　音质选项

　　　　A. 数据量　　　　　B. 采样率　　　　　C. 比特率　　　　　D. 位深度

（21）（　　）是声卡的输入端口。

　　　　A. mic　　　　　　B. midi　　　　　　C. speaker　　　　　D. line out

（22）（　　）这组数字化参数得到的 wav 格式的音频文件比特率是最大的。

　　　　A. 采样率为 8000Hz，位深度为 8 位，双声道

　　　　B. 采样率为 44100Hz，位深度为 16 位，单声道

　　　　C. 采样率为 96000Hz，位深度为 8 位，单声道

　　　　D. 采样率为 44100Hz，位深度为 16 位，双声道

（23）将同一个音频文件保存为以下 4 种格式，（　　）文件大小是最小的。

　　　　A. wav　　　　　　B. mp3　　　　　　C. flac　　　　　　D. ape

（24）为图 2-93 所示的音频波形降噪，应该采用（　　）方法。

　　　　A. 捕捉噪声样本而后去噪　　　　　　B. 将有噪声的区域"静音"

　　　　C. 将有噪声的区域"剪切"　　　　　　D. 将有噪声的区域"删除"

（25）在图 2-94 所示的音频波形中，有一处"喷麦"现象，用（　　）方法处理较好。

　　　　A. 选中"喷麦"的波形区域，而后删除

　　　　B. 在频谱视图中使用"污点修复画笔"工具去除短时异常

　　　　C. 重新录制整个声音文件

D. 选中"喷麦"的波形区域,而后降低其振幅

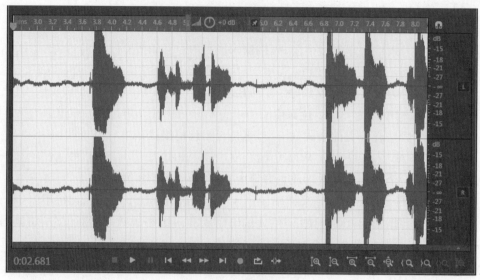

图 2-93　音频波形

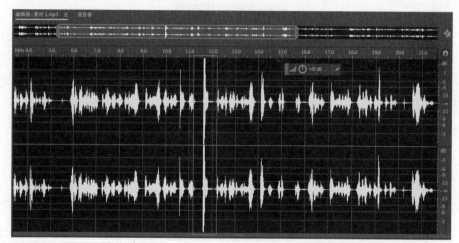

图 2-94　音频波形

图像获取与处理

扩展实验（约3学时）
　　实验3-9：照片批量处理
　　实验3-10：证件照排版
　　实验3-11：图像综合处理

进阶实验（约2学时）
　　实验3-6：消除与仿制
　　实验3-7：人像修图
　　实验3-8：常见图文处理

基础实验（约2.5学时）
　　实验3-1：图像的基本属性
　　实验3-2：灵活选取选区
　　实验3-3：选择并遮住
　　实验3-4：天空替换
　　实验3-5：调色与变换

理论讲解（约1.5学时）
　　图像的基本概念、信号特征
　　图像的数字化过程及技术参数
　　常见图像文件格式

图 3-1　第 3 章内容结构图

本章学习目标：

- 理解图像的基本概念。
- 理解颜色的构成原理。
- 了解典型颜色模式 RGB、HSB、CMYK、Lab 及应用领域。
- 测评常见的图像获取设备及输出设备。
- 使用常用图像获取设备完成图像的数字化获取。
- 概括图像数字化的基本过程。

- 分析图像分辨率、位深度及编码格式对图像数字化的影响。
- 比较常见的主流数字图像文件格式。
- 应用主流图像处理工具完成图像属性的修改及基本编辑处理。
- 应用主流图像处理工具完成常见图文处理。
- 应用主流图像处理工具进行自动化批量图像处理。
- 探讨生成式人工智能产品在图像生成与处理方面的应用。

3.1　图像的基础知识

3.1.1　基本概念

视觉是人类最重要的感觉器官。视觉感官捕捉光线，通过角膜和晶状体将光线聚焦在视网膜，视网膜上的感光细胞将光转为电信号，经视神经传至大脑视觉皮层处理，识别形状、颜色、运动等特征，最终形成图像感知。

人眼感知的图像信号在时间和空间上都是连续的三维信号。

在某一固定时间点和空间点记录图像信号，获取到那一特定瞬间的光线分布和颜色信息。这个过程将连续变化的图像信号在时间和空间上进行一次离散化采样，形成了静态画面效果，就是图像。因此，图像是自然界中多姿多彩的景物和生物，通过视觉感官在人的大脑中留下的印记。在人类的发展史上，绘画、雕刻、摄影等形式都是希望能够把这种印记保留下来。虽然人眼感知的图像信号是连续的三维信号，但是在多媒体技术目前的常规应用中，二维图像处理仍然是最常见和最广泛的。随着技术的发展，动像和三维图像是图像应用的未来趋势。

另外，对人眼感知的图像信号在不同时间点和空间点上记录多个离散化采样，就形成了视频。视频呈现出动态画面效果。第5章将主要讲解视频的获取与处理。

3.1.2　图像信号的基本特征

1. 视野范围

人类双眼观看的范围其实不仅仅是一个具有重合视角的平面，而是一个超过180°鱼眼镜头的环形平面，类似于环形电影屏幕。人眼的视野范围在水平方向上比垂直方向更宽广。人眼的视野范围如图3-2所示。视野范围的这种特征在一定程度上影响了摄影和影像技术中对于画面比例的选择。图像画幅逐渐演变为更宽的画面比例，如16∶9或2.35∶1，这样更接近人眼的视野范围比例，显示设备和播放媒体的尺寸和比例标准也同样受此影响。

2. 颜色的构成原理

光波是一种具有一定频率范围的电磁波。颜色是人的视觉系统对可见光波的一种感知结果。感知到的颜色由光波的频率决定。

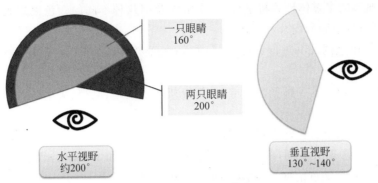

图 3-2 人眼的视野范围

由于内部物质的不同,物体受光线照射后,会产生光的分解现象。一部分光被吸收,其余的光被反射或折射出来,成为所见的物体的颜色。所以,颜色和光有着密切的关系。

电磁波中只有一小部分能够引起眼睛的兴奋而被感觉。按照电磁波的波长顺序排列,可以表示为图 3-3 所示的电磁波谱。其中,可见光的波长范围很窄,为 $0.38 \sim 0.78 \mu m$。

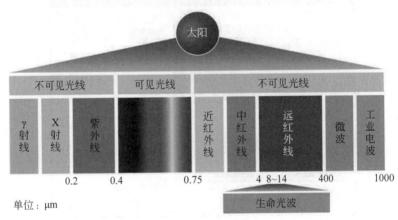

图 3-3 电磁波谱

人们在研究眼睛对颜色的感知过程中普遍认为,人的视网膜有对红(R)、绿(G)、蓝(B)颜色敏感程度不同的 3 种锥体细胞,它们对不同频率的光的感知程度不同,对不同亮度的感知程度也不同。自然界中任何一种颜色都可以由 R、G、B 这 3 种颜色组合而成,它们构成一个三维的 RGB 矢量空间。R、G、B 的数值不同,混合得到的颜色就不同,也就是光波的波长不同。我们看到的大多数光不是一种波长的光,而是由许多不同波长的光组合而成的。

在多媒体技术中,图像获取与处理就是要把视野范围内不同波长组合而成的丰富多彩的颜色通过二进制形式记录下来,放到计算机中进行数字化处理。

3. 颜色模式

颜色模式是用数值指定颜色的方法,也可以称为颜色模型。

　　在一个典型的多媒体计算机系统中，常常涉及用几种不同的颜色模式表示图形和图像的颜色，以对应不同的场合和应用。

- HSB：用色调（hue）、饱和度（saturation）、亮度（brightness）来描述颜色，更符合人的视觉特征。
- RGB：工业界的一种颜色标准，在计算机图形处理、电视、显示器等领域有广泛的应用。
- CMYK：用于彩色印刷系统或彩色打印机。
- Lab：颜色-对立空间，维度 L 表示亮度，a（红绿）和 b（黄蓝）表示颜色对立维度，用于需要高颜色精度、一致性和灵活性的领域。

　　不同的颜色模式只是同一个物理量的不同表示法，因而它们之间存在相互转换关系，这种转换可以通过数学公式的运算得到。

　　如图 3-4 所示，在 Photoshop（注：本章使用 Adobe Photoshop 2023 作为演示工具，以下称 Photoshop）颜色面板的拾色器中，在 HSB 颜色模式下的取值为（0 度，0%，0%），表示黑色。在另外的 RGB、Lab 和 CMYK 颜色模式下，都有这种黑色相对应的颜色取值。

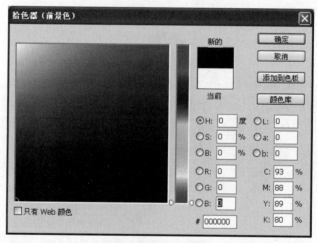

图 3-4　多种颜色模式

　　（1）HSB。

　　HSB 颜色模式是一种基于人类对颜色的感觉来描述颜色的方式，其中 H 代表色相（hue），S 代表饱和度（saturation），B 代表亮度（brightness）。在这个模式下，色相以角度表示，范围是 0°～360°，描述了颜色在色环上的位置；饱和度以百分比表示，范围为 0～100%，描述了颜色的纯度或鲜艳程度；亮度也是以百分比表示，范围同样为 0～100%，描述了颜色的明暗程度。

　　（2）RGB。

　　RGB 颜色模式是工业界的一种颜色标准，通过对红（R）、绿（G）、蓝（B）3 个颜色通道的变化以及它们相互之间的叠加来得到各式各样的颜色。在 RGB 颜色模式中，（0，0，0）表示 3 种颜色都不发光，因此最终呈现为黑色。RGB 颜色模式为图像中每一个像素的 RGB 分量分配一个 0～255 范围内的强度值。例如，纯红色 R 值为 255，G 值为 0，B 值为

0；灰色的 R、G、B 3 个值相等（除了 0 和 255）；白色的 R、G、B 都为 255；黑色的 R、G、B 都为 0。RGB 图像只使用 3 种颜色，就可以使它们按照不同的比例混合，在屏幕上呈现 16 777 216 种颜色，这几乎包括了人类视力所能感知的所有颜色。

（3）Lab。

Lab 颜色模式中的(0,0,0)意味着最低的亮度(L＝0)以及没有颜色分量(a＝0,b＝0)。在标准的 Lab 颜色空间中，L(亮度)的取值范围是 0～100，而 a(红绿)和 b(黄蓝)的取值范围则是 -128～+127。

（4）CMYK。

图 3-4 中 CMYK 颜色模式中的值为（C：93%，M：88%，Y：89%，K：80%）。CMYK 代表印刷上用的 4 种颜色，彩色打印机上的墨盒也是这 4 种颜色。C 代表青色(cyan)，M 代表洋红色(magenta)，Y 代表黄色(yellow)，K 代表黑色(black)。因为在实际应用中，青色、洋红色和黄色很难叠加形成真正的黑色，最多不过是褐色而已，因此才引入了 K——黑色。黑色的作用是强化暗调，加深暗部色彩。

在实际应用中，一幅图像在计算机中用 RGB 颜色模式显示；在计算机图像处理中用 RGB、HSB 或 Lab 颜色模式进行编辑；在打印和印刷输出时可转换成 CMYK 颜色模式，从而适应不同的应用需求。图 3-5 列出了白色、红色、绿色、蓝色 4 种颜色在不同颜色模式下的取值对应关系。通过对某一种颜色模式下颜色取值的设置，可以得到千变万化的颜色。

白色（R255,G255,B255）

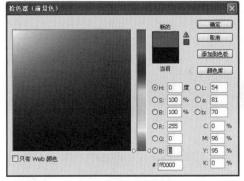
红色（R255,G0,B0）

绿色（R0,G255,B0）

蓝色（R0,G0,B255）

图 3-5 不同颜色模式的取值对应

3.2 图像的数字化

如同声音信号是基于时间和幅度的连续函数,在现实空间,平面图像的灰度和颜色等信号都是基于二维空间的连续函数。计算机无法接收和处理这种空间分布、灰度、颜色取值均连续分布的图像,需要进行离散化。

图像的数字化,就是按照一定的空间间隔自左到右、自上而下提取画面信息,并按照一定的精度对样本的亮度和颜色进行量化的过程。通过数字化,把视觉感官看到的图像转变成计算机所能接受的、由许多二进制数 0 和 1 组成的数字图像文件。

3.2.1 硬件设备

1. 图像获取设备

在图像数字化时,通常需要扫描仪、数码相机、摄像机、图像采集卡、光学字符识别(OCR)设备等硬件设备。在这些设备中,通常由图像传感器和相关的电路来完成模拟信号向数字信号的转换。图像传感器(如 CCD 或 CMOS 传感器)会捕捉光线,并将其转换为模拟电信号。然后,这些模拟信号会被一个或多个模数转换器转换为数字信号,以便后续的处理和存储。图 3-6 展示了一些典型的图像获取设备。

图 3-6　一些典型的图像获取设备

2. 图像处理设备

一旦图像数据被数字化并传输到计算机系统中,GPU 就在图像处理中发挥着至关重要的作用。图形处理单元(graphics processing unit,GPU)是一种专门在 PC、工作站、游戏机和一些移动设备(如平板电脑、智能手机等)上运行图像运算工作的微处理器,又称显示核心、视觉处理器、显示芯片。GPU 是显卡上的核心部分,它的性能决定了显卡的性能高低。早期的计算机是没有 GPU 这个概念的,计算机一切计算任务都是由中央处理器(central processing unit,CPU)做的,可是 CPU 适合做复杂运算,不适合大量简单图形运算,于是人们开发出专门用来进行图形计算的处理器 GPU。

GPU 芯片主要用于图像处理和渲染等计算密集型任务。一旦图像数据被数字化并传输到计算机系统中,GPU 可以加速对这些数据的处理,包括色彩校正、缩放、旋转、滤波等操作。

3. 图像输出设备

数字化图像要被人眼看到,就要图像输出。输出图像主要使用显示器、投影仪、打印机等硬件设备。需要考虑图像质量、输出的尺寸和介质等方面的内容。

(1) 显示器。

显示器是最常见的图像输出设备之一,用于将计算机内部的图像数据转换成可视化图像。它的主要技术指标如下。

① 分辨率:指屏幕上水平方向和垂直方向显示的像素点数,通常以"宽×高"的形式表示,如 1920×1080。

② 刷新率:屏幕每秒更新的次数,以赫兹(Hz)为单位,如 60Hz、144Hz 等。

③ 屏幕尺寸:显示器的对角线长度,通常以英寸为单位,如 21.5 英寸、24 英寸、27 英寸和 32 英寸等。

④ 色彩深度:表示显示器能够显示的颜色数量,如 8 位、10 位或 12 位色彩深度。

⑤ 对比度:显示器最亮与最暗部分之间的亮度比值。

(2) 投影仪。

投影仪是一种将计算机中的图像数据投射到大屏幕上的设备,常用于会议、教学、家庭影院等场合。它的主要技术指标如下。

① 投影亮度:以流明(lumen,单位符号为 lm)为单位,表示投影仪输出的光亮度。

② 投影分辨率:与显示器分辨率类似,表示投影仪能够显示的像素点数。

③ 投影尺寸:投影仪能够投射出的最大和最小图像尺寸。

④ 投影比例:投射距离与投射宽度之间的比例。

(3) 打印机。

打印机可以将计算机中的图像数据输出到纸张上。根据打印原理不同,打印机可以分为针式打印机、喷墨打印机、激光打印机等。打印机的主要技术指标如下。

① 打印分辨率:通常以 DPI(每英寸点数)表示,指打印机在水平和垂直方向上每英寸能够打印的点数。

② 打印速度:通常以每分钟打印的页数(PPM)或特定图像所需的时间来表示。

③ 最大打印幅面:打印机能够支持的最大纸张或介质尺寸。

④ 色彩支持:打印机能够处理的色彩范围,如 CMYK 用于彩色打印,或单色打印机仅支持黑色。

3.2.2　图像的数字化过程

图像的数字化需要经过采样、量化和编码 3 个步骤,基本过程如图 3-7 所示。

图像数字化的每个步骤都需要确定相应的参数,即

采样——量化——编码

图 3-7　图像数字化的基本过程

采样时，一幅图像需要采集多少个图像样本？

量化时，每个样本的亮度与颜色信息需要用几位二进制数来存储？

编码时，需要采用什么格式记录和压缩数字数据？

多媒体硬件系统及软件系统基于以上 3 个参数，共同支持数字化图像过程的完成。

1. 采样

采样是对图像的空间坐标进行离散化处理，得到图像样本的过程。目前主要针对二维图像。

我们把图 3-7 左边所示的二维空间的画面，按照一定的空间间隔自左向右分割为 10 列，自上向下分割为 8 行，共计 10×8 即 80 个小方格形状的图像样本，如图 3-8 所示。每一个样本称为 1 像素（pixel）。画面分割的列数称为宽度像素；画面分割的行数称为高度像素。宽度像素和高度像素是数字化图像的基本属性。而"宽度像素×高度像素"称为数字化图像的"分辨率"。通过将这个二维画面离散化为 80 像素，完成了对这幅图像的采样。

可以看到，采样原始画面信息时，将画面采样为 80 像素，画质非常模糊。如果将画面分割得更细致一些，分辨率为 100×80，共采

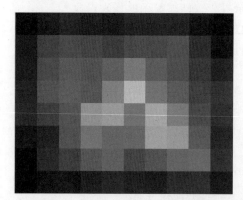

图 3-8　分辨率为 10×8 的采样效果

样 8000 像素，则获取的图像如图 3-9 所示，已经能够分辨出基本的图像内容。

如果采样得更精细一些，将画面分割为 1000×800 即 80 万像素，如图 3-10 所示，就已经基本能够还原原始画面的内容了。目前，绝大多数手机拍摄已经达到 1000 万像素以上，一些高端产品可以达到 4800 万像素甚至更高，从而能够捕捉到更多的细节和信息。

图 3-9　分辨率为 100×80 的采样效果

图 3-10　分辨率为 1000×800 的采样效果

2. 量化

量化就是用一定位数的二进制信息来表示图像样本（即像素）的亮度或颜色。每个像素用二进制表示所需的位数，称为位深度。

图像可以数字化为非彩色图像或彩色图像。非彩色图像也称为灰度图像，只包含一个亮度通道，没有颜色信息，需要进行灰度级别的量化。彩色图像则由红、绿、蓝 3 个颜色通道组成，需要对每个颜色通道分别进行量化处理。

如果量化时选择位深度为 1，则每个像素只能用 1 位二进制信息表示，于是，仅有 0 或 1 共两个颜色级别，此时的图像只有"黑"和"白"两种颜色，也称为"位图图像"。如果以这种模式保存，可以看到图 3-11 所示的图像。

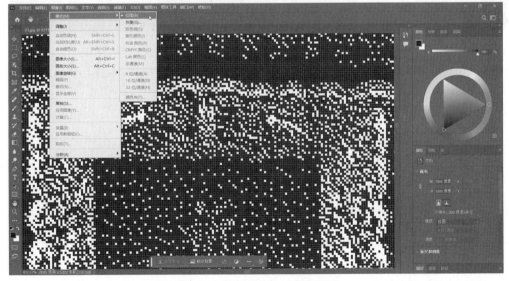
图 3-11　位深度为 1 的位图图像

如果量化时选择位深度为 8，则每个像素可以量化为 8 位二进制，即可以有 00000000～11111111 共 256 个级别，用来保存像素的灰度级别，呈现的图像效果如图 3-12 所示。

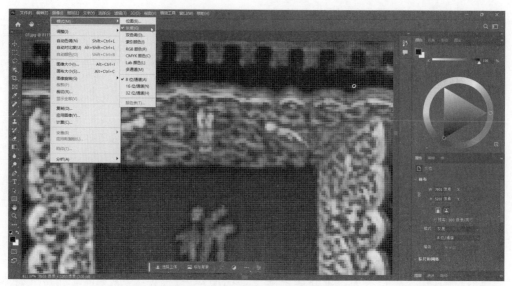

图 3-12　位深度为 8 的灰度图像

如果量化时选择位深度为 24，则每个像素可以量化为 24 位二进制数，共 2^{24} 个级别，此时，图像就可以呈现更加丰富的彩色效果。例如，对图 3-13 中的彩色图像，每个像素用 R、G、B 3 个通道表示，每个通道用 8 位，共用 24 位二进制数表示，即位深度为 24，每像素可以是 $2^{24} = 16\ 777\ 216$ 种颜色中的一种。这时画面色彩的丰富程度已接近视觉感知的原画面颜色，被称为真彩色或全彩色。

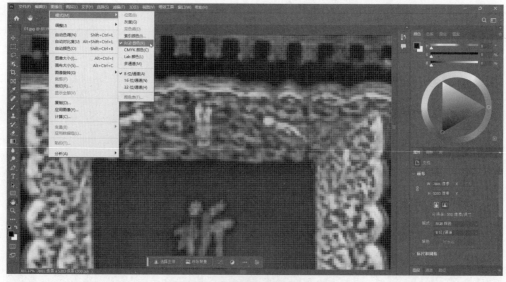

图 3-13　位深度为 24 的彩色图像

在不同的应用中，彩色图像有不同的颜色模式表示。例如，在打印或印刷领域，这幅彩色图像的每个像素用 C、M、Y、K 4 个通道表示，每个通道用 8 位二进制数，那么一个像素共用 32 位二进制数表示，此时图像的位深度就是 32。而 RGB 是最广泛使用的颜色模式,每个像素用 R、G、B 3 个通道表示,每个通道用 8 位二进制数,那么一个像素共用 24 位二进制数,此时图像的位深度为 24。

3. 编码

编码就是将经过采样和量化处理后的数字图像数据转换成一种适合存储或传输的格式。编码的过程涉及对数据进行压缩,以减少存储和传输所需的空间和带宽。数据压缩可以通过不同的算法实现,如有损压缩和无损压缩。不同的编码算法对应不同的图像文件扩展名。在 Photoshop 中,图像文件可以选择编码为图 3-14 所列的格式。例如,图 3-7 的数字化图像使用了 JPEG 压缩算法,大幅减少了数据量,形成了 jpg 格式的文件。3.2.4 节会介绍具体的图像文件格式。

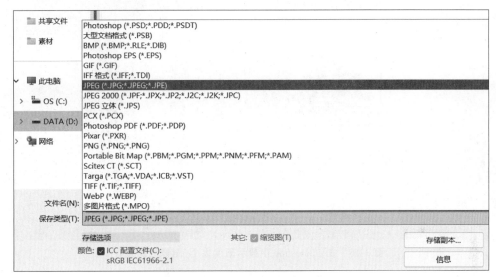

图 3-14　Photoshop 支持的图像编码格式

在图像的数字化过程中,每一个步骤都确定了图像的一个重要数字化参数,如图 3-15 所示。每一个参数选择的不同,都会对最终的数字化图像数据量产生影响。

图 3-15　数字化过程对应的数字化参数

3.2.3　图像的数据量

图像在数字化过程中选择的参数不同,形成的数字化图像的数据量也不同。未经压缩的数字化图像的原始数据量计算公式如下:

文件大小(字节)＝宽度(像素)×高度(像素)×位深度(位/像素)/8(位/字节)

例如,一幅分辨率为 1920 × 1080、位深度为 24 的图像,可以用以下方式计算其原始图像文件的大小。

$$1920 \times 1080 \times 24/8 = 6\ 220\ 800B = 6075KB = 5.93MB$$

在 Photoshop 的"图像"菜单下打开"图像大小"窗口，可以直观地查看和修改图像分辨率（或称图像尺寸）。如图 3-16 所示的图像，在 RGB 颜色模式下，8bpc（bits per channel），即位深度 24 位的图像，计算出的数据量大小同样为 5.93MB（注：图 3-16 图像大小窗口中的"分辨率"是适用于打印输出和图像显示的分辨率，"300 像素/英寸"即在显示器或打印纸上每英寸显示 300 个像素，这幅 1920×1080 的图像，相当于 6.4 英寸×3.6 英寸（即 1920/300＝6.4，1080/300＝3.6）的尺寸）。

图 3-16　在 Photoshop 中显示图像大小（图像数据量）

通过计算公式可以看出，图像分辨率越高，位深度越大，则数字化后的图像效果就越逼真，但图像原始数据量也越大。分辨率、位深度与原始数据量的关系如表 3-1 所示。

表 3-1　分辨率、位深度与原始数据量的关系

分　辨　率	位深度/b	原始数据量/MB
1920×1080 （约 200 万像素）	8	1.98
	16	3.96
	24	5.93
6000×4000 （2400 万像素）	8	22.9
	16	45.8
	24	68.7

图像的文件大小还与其采用的压缩算法和文件格式（如 JPEG、PNG、TIFF 等）有关。这些格式会采用不同的方法压缩图像数据，从而影响最终的文件大小。

3.2.4 图像的文件格式

图像文件采用不同的编码方式,形成了多种不同的图像文件格式。在现实生活中,不同的厂家和设备也有各自的图像文件格式,可以根据不同的场景和需求选择适当的图像文件格式。

虽然目前有很多种图像格式,但由于受网络带宽和浏览器的限制,Web 上最常用的图像格式是 GIF、JPG 和 PNG。

例如,在 Photoshop 中完成了图 3-17 所示的图像的编辑和处理。这幅图像背景透明,"图层 0"的祈年殿被设置为 75% 的不透明度。

图 3-17　图像处理示例

在"文件"菜单中依次选择"导出"→"导出为"选项,可以将编辑的结果导出为 3 种常用的图像格式。表 3-2 列出了 3 种常用图像格式的对比图。如果图像需要透明背景,并且要求高质量无损压缩,可以考虑使用 PNG 格式;如果图像色彩简单且需要较小的文件大小,则可以考虑使用 GIF 格式;而 JPG 则更适合于保存具有丰富色彩和渐变效果的图像,但在保存透明背景时需要注意失真和色彩偏差的问题。

表 3-2　三种常用图像格式简单对比

图　　像	图 像 格 式	支持透明格式	图像大小/KB
	GIF	是	68.3KB

图　　像	图 像 格 式	支持透明格式	图像大小/KB
	JPG	否	123.2KB
	PNG	是	279.1KB

1. GIF

GIF(graphic interchange format)即图形交换格式，该图像的图像深度从 1 位到 8 位，即最多支持 256 种颜色的图像，不适于表现真彩色或具有渐变色的图像。当把包含多于 256 色的图像压缩成 GIF 格式时，肯定会丢失某些图像细节。在网页制作中，GIF 格式的图像往往用于制作标题文字、按钮、小图标等。

GIF 分为静态图像和动画 GIF 两种。GIF 文件内部分成许多存储块，用来存储多幅图像或者决定图像表现行为的控制块，用于实现动画和交互式应用。GIF 支持透明背景图像，适用于多种操作系统，"体型"很小。

2. JPG

JPG/JPEG(Joint Photographic Expert Group)即联合图片专家组格式，是一种广泛应用的有损压缩标准方法。JPG 支持多种级别的压缩，通过去除图像中的一些细节和颜色信息来减少文件大小，并保持图像的视觉质量。JPG 格式支持 CMYK、RGB 和灰度颜色模式，但是不支持透明度通道，因此无法直接保存透明背景或透明度信息。

3. PNG

PNG(portable networks graphics)即可移植的网络图片格式。PNG 是一种无损压缩的位图图像格式，支持索引、灰度、RGB 3 种颜色方案以及 alpha 通道等特性。PNG 格式有 8 位、24 位、32 位 3 种形式，其中 8 位 PNG 支持两种不同的透明形式（索引透明和 alpha 透明），24 位 PNG 不支持透明形式，32 位 PNG 在 24 位的基础上增加了 8 位透明通道(alpha)，因此可展现 256 级透明程度。

4. BMP

BMP 的全称为 Bitmap,是 Windows 操作系统中的标准图像文件格式。最典型的应用 BMP 格式的程序就是 Windows 的画笔。文件不压缩,占用的磁盘空间较大,图像深度只有 1 位、4 位、8 位及 24 位。BMP 文件格式是当今应用比较广泛的一种格式,缺点是文件比较大,所以只能应用在单机上,不适合在网络上应用。

5. PSD/PDD

PSD/PDD 格式是 Photoshop 的专用格式,也是唯一能够支持全部图像色彩模式的格式。PSD 文件可以存储成 RGB 或 CMYK 模式,还能够自定义颜色数,并加以存储,还可以保存 Photoshop 的图层、通道、路径等信息。这种格式便于在 Photoshop 中修改和编辑,是图像处理中常用的格式之一。

6. TIFF

该图像格式适合于广泛的应用程序,与计算机的结构、操作系统和图形硬件无关。TIFF 格式灵活易变,因此,对于媒体之间的数据交换,TIFF 是位图模式的最佳选择之一。

7. SVG

SVG 是 Scalable Vector Graphics 的缩写,表示可缩放的矢量图像。它是一种开放标准的矢量图像语言,可以让用户设计激动人心的、高分辨率的 Web 图像页面。

3.2.5　图像与图形的区别

图像是通过采样、量化及编码后获取到计算机中的,是通过对离散化后的像素信息进行数字化而得到的,是由像素点阵构成的位图。而图形则通常指用计算机绘制的画面,通常是抽象的,只包含基本形状和线条,不具有太多的细节和纹理,它们是由数学公式或算法来描述的,也称为矢量图形。二者的区别可以用图 3-18 来表示。

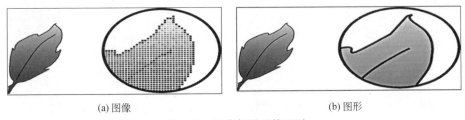

(a) 图像　　　　　　　　　　　　　　　　(b) 图形

图 3-18　图像与图形的区别

由于图形是矢量图形,因此可以进行无损缩放、拉伸和旋转等操作,而不会失去图像质量。此外,图形的编辑也相对简单,可以通过修改算法或数学公式来改变图形的形状和属性。而图像是像素点阵,对图像的编辑通常涉及像素级别的操作,如调整亮度、对比度、色彩平衡等。

图形和图像在多媒体技术中有着不同的应用场景和优势。图形适用于需要精确绘制和编辑的场合，如工程图纸、图标、标志等；而图像适用于需要真实感和丰富细节的场合，如照片、绘画、视频等。

3.3　图像获取与处理

数字图像处理的核心是矩阵运算。对于灰度图像而言，一幅 M 个像素高和 N 个像素宽的图像可以表示为一个 $M \times N$ 的矩阵。彩色图像可以分为 R、G、B 共 3 个分量，对每个分量而言，也分别是一个 $M \times N$ 的矩阵。

一般来说，对图像进行处理，主要目的有以下 3 方面。

（1）提高图像的视觉质量，如进行图像的亮度、彩色变换，增强、抑制某些成分，对图像进行几何变换等，以改善图像的质量。

（2）提取图像中包含的某些特征或特殊信息，这些被提取的特征或信息往往为计算机分析图像提供便利。提取特征或信息的过程是模式识别或计算机视觉的预处理。提取的特征包括很多方面，如频域特征、灰度或颜色特征、边界特征、区域特征、纹理特征、形状特征、拓扑特征和关系结构等。

（3）图像数据的变换、编码和压缩，以便于图像的存储和传输。

3.3.1　常用的图像处理软件

1. Adobe Photoshop

在 Adobe 产品系列中，有多种与图像处理有关的产品。其中，Photoshop 专注于图像编辑和合成，广泛应用于平面设计、摄影后期、网页制作等领域。它具有强大的图像编辑和处理功能，并支持各种文件格式。Photoshop 2023 的默认工作区如图 3-19 所示。另外，Lightroom 可以随时随地编辑、整理、存储和共享照片。Illustrator 用于创建矢量图

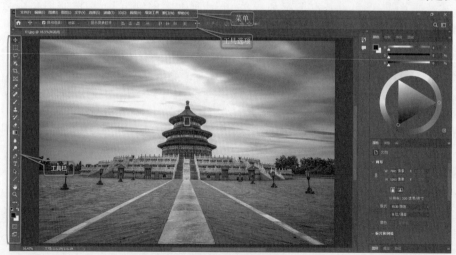

图 3-19　Photoshop 的默认工作区

形和插图。而 InDesign 则面向印刷和数字出版的页面设计和布局。针对不同的领域,用户可以选择适用的产品。

本章大部分实验使用 Adobe Photoshop 2023 作为工具软件,其工具栏中包含丰富的图像处理工具,如图 3-20 所示。

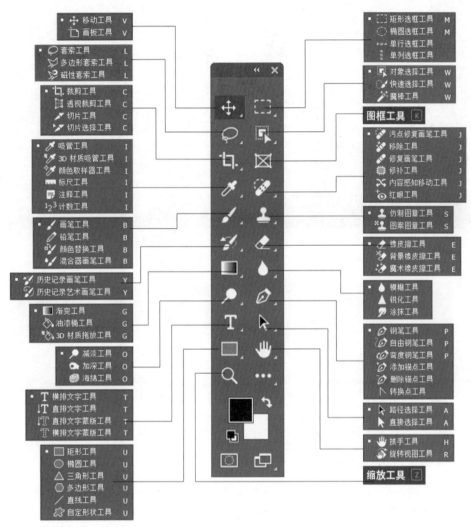

图 3-20　Adobe Photoshop 2023 的工具栏

2. 美图秀秀

美图秀秀是一款手机图像处理软件,也提供了计算机版本。它具有丰富的滤镜、人像美容、拼图等功能,操作简单易懂,特别适合新手和非专业人士,主功能界面如图 3-21 所示。

3. GIMP

GIMP 是一款免费的开源图像处理软件,功能强大且易于使用。GIMP 提供了许多

图 3-21　美图秀秀 App 的主功能页面

与 Photoshop 相似的工具和功能，可以满足专业摄影师和图像爱好者的需求。

4. PicsArt Photo Editor

PicsArt Photo Editor 是一款功能强大的手机图像处理软件，提供了丰富的滤镜、效果、画笔工具等，用户可以轻松创造出独特的图像效果。同时，它还支持社交分享，方便用户与朋友分享自己的作品。

5. Snapseed

Snapseed 是由 Google 开发的一款全面的手机图像处理软件，提供了各种高级调整工具，包括 RAW 显影、色调曲线、HDR 景观等。其界面直观，操作便捷，特别适合喜欢在手机上处理照片的用户。

6. 光影魔术手

光影魔术手是一款针对图像画质进行改善提升及效果处理的软件。它的批量处理功能非常强大,支持摄影作品后期处理、图片快速美容、数码照片冲印等,可以满足绝大部分人照片后期处理的需要。

7. Pixlr

Pixlr 是一款功能丰富的在线图像编辑工具,它提供了一整套的编辑功能,包括裁剪、调色、添加滤镜和效果等,适用于日常图像处理和专业设计需求。Pixlr 无须安装,直接在浏览器中即可使用,支持多种图像格式,并具备多图层编辑功能。

3.3.2 图像获取与处理实验

实验 3-1

实验 3-1: 图像的基本属性

1) 实验要求

任意选择一种常用的屏幕截图工具,将实验计算机当前显示器的全屏幕捕获为 4 个图像文件,分别将图像保存为 bmp、gif、jpg、png 格式,查看这 4 种文件的属性,并填写表 3-3。

表 3-3　实验 3-1

分　辨　率	位　深　度	文　件　格　式	文　件　大　小
		bmp	
		gif	
		jpg	
		png	

2) 实验目的

了解常用图像格式的基本属性及特点。

3) 预备知识

本实验演示选择 FastStone Capture 为截屏工具,实验者也可以选择其他屏幕截图工具。FastStone Capture 支持截图、录像、滚动截图等多种功能,而且体积小巧,操作简便。它提供了多种截图方式,包括全屏截取、活动窗口截取、选定区域截取等,还可以对截取到的图片进行编辑和标注。FastStone Capture 的主界面及功能菜单如图 3-22 所示。

4) 实验步骤

步骤 1：使用 FastStone Capture 的"捕获全屏"工具,依次捕获当前计算机显示器上的全屏幕,分别存储为 bmp、gif、jpg、png 格式的文件。右击图像文件,在弹出的快捷菜单中选择查看文件属性,出现"详细信息"选项卡。

步骤 2：右击不同格式的图像文件,在图 3-23 所示的"详细信息"选项卡中可以查看到该图像的分辨率,即宽度像素值与高度像素值、位深度及文件大小等信息。通过实验能够清晰看出,同样分辨率的数字化图像,将其编码保存为不同压缩格式时,文件大小会有较大差异,不同图像格式也有各自的编码特征和应用领域。

图 3-22　FastStone Capture 的主界面及功能菜单

图 3-23　查看不同格式图像的属性

实验 3-2: 灵活选取选区

1）实验要求

从素材"实验 3-2.jpg"中选取 4 种物品：镜头盖、键盘、记事本、鼠标，将它们放置到新建文件"实验 3-2.psd"中，素材图像及标注物如图 3-24 所示。

实验 3-2

图 3-24　素材图像及标注物

2）实验目的

学习使用多种选择工具组，包括选框工具组、套索工具组、对象选择工具组，灵活使用适当工具选取选区；学习新建图像；学习移动选区到新位置；学习保存图像。

3）预备知识

Photoshop 中有 3 组选择工具，其中选框工具组可建立矩形、椭圆、单行和单列选区；套索工具组可建立手绘图、多边形（直边）和磁性（紧贴）选区；对象选择工具组可查找并自动选择对象。

在 Photoshop 中打开一个图像，使用工具栏中的"缩放工具"在图像上不断单击，可以将图像不断放大，Photoshop 2023 最大支持放大 128 倍。选取选区就是选择需要处理的像素，并且通过"新选区""添加到选区""从选区减去""与选区交叉"4 种运算不断调整所选区域。在图 3-25 中使用"矩形选框工具"，拖动，选择一个 1×1 像素的选区。选区会被动态的点状亮线框出来，也称为"蚂蚁线"。对选区进行编辑或应用效果时，只有选区内的图像会受到影响。编辑完成后，可以通过取消选择（Ctrl＋D）来移除"蚂蚁线"。

选择工具栏中的"移动工具"，就可以拖动选区到任意位置，甚至移动到另外的图像上。如在图 3-26 中，把一个像素的选区向右移动了 1 像素，向下移动了 2 像素。

4）实验步骤

步骤 1：在 Photoshop 菜单栏选择"文件"→"打开"素材图像。实验要求中标注的 4 种物品边缘都较为清晰，可以分别尝试使用"椭圆选框""磁性套索"等工具进行选取，但

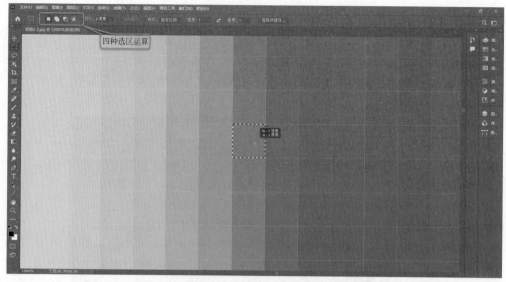

图 3-25　选择 1 个选区

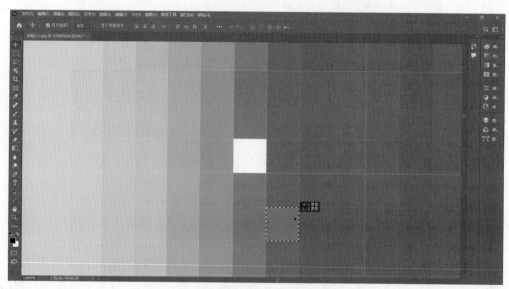

图 3-26　移动一个选区

"对象选择工具"的功能更为强大，它采用了先进的图像识别技术，能够智能地识别图像中的不同对象，只需将鼠标悬停在想要选取的对象上并单击，即可快速创建选区并保持边缘的平滑和精细。如在图 3-27 中使用"对象选择工具"，并选择工具选项"添加到选区"，可以智能快捷地选出图中的 4 种物品。

步骤 2：在菜单栏中依次选择"文件"→"新建"，打开图 3-28 所示的"新建文档"窗口，选择某一类预设，并修改右侧窗口的预设详细信息。如在图 3-28 中选择了照片类预设的一种空白文档预设，并将详细信息修改为所需设置，最后单击"创建"按钮，打开空白新建文档。

图 3-27 使用"对象选择工具"选取选区

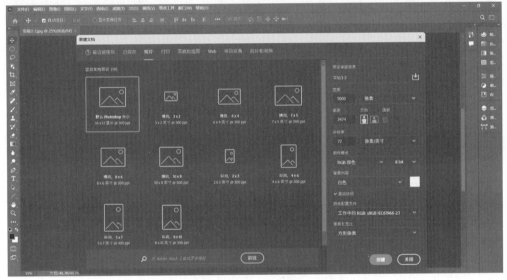

图 3-28 新建文档

步骤 3：在菜单栏中依次选择"窗口"→"排列"→"双联垂直"，同时能够在当前编辑区域看到两个图像文件，选择"移动工具"，将素材图像"实验 3-2.jpg"中的选区拖动到新建文档窗口中，如图 3-29 所示。

步骤 4：依次选择菜单中的"文件"→"存储"，将新建文档保存为"实验 3-2.psd"文件。

实验 3-3：选择并遮住

实验 3-3

1）实验要求

为素材图像"实验 3-3.jpg"更换背景（可以使用任意其他颜色，或者其他背景图片）。

图 3-29　将选区移动到新建文档

作品保存为 jpg 格式，更换前与更换后的对比如图 3-30 所示，左边为素材，右边为处理结果。

图 3-30　更换背景实验

2）实验目的

学习使用"选择并遮住"功能处理复杂边缘及精细抠图。

3）实验步骤

步骤 1：在 Photoshop 中打开素材"实验 3-4.jpg"，使用"对象选择工具"及"添加到选区"选项，可以快速选取两个小动物，选取效果如图 3-31 所示。

步骤 2：对于边缘不够平滑的选区，例如素材中喵星人的毛，那些细碎零散的像素就不容易被选择出来，此时需要调整边缘。单击选择工具属性栏中的"选择并遮住"按钮，即可打开图 3-32 所示的窗口，屏幕右侧是"属性"窗口，左侧为调整用的"工具"选项。如果把属性中的"视图"模式修改为"黑白"，此时，未选中的区域以黑色显示，与选中的白色选区形成鲜明对比。

步骤 3：在"选择并遮住"工作区中选择左侧工具栏中的"调整边缘画笔工具"，调整

图 3-31　对象选择

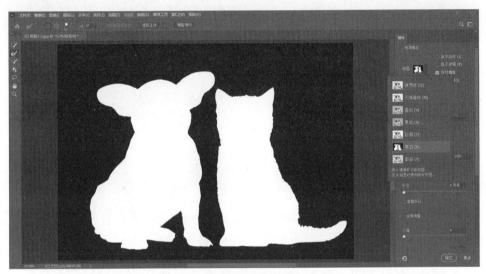

图 3-32　打开"选择并遮住"工作区

画笔的大小(根据情况调整,本示例大于 70),用画笔沿着喵星人选区的边缘进行绘制。此时细毛部分被检测出来,进入了选区。另外,还可以通过修改右侧属性栏中的边缘检测参数细化调整,具体效果如图 3-33 所示。完成选区边缘的调整后,单击右下角的"确定"按钮,完成"选择并遮住"操作。

步骤 4:如果希望更换背景部分的颜色,需要选中背景部分的像素区域。此时单击菜单栏中的"选择"→"反选",即可选中除原来选区之外的其他所有像素,即背景部分。对背景部分进行更换,可以使用多种方法。例如,图 3-34 中使用了工具栏中的"渐变工具",在图像上拖动出一条渐变引导线,更换了渐变背景。

步骤 5:在菜单栏中依次选择"文件"→"导出"→"导出为",打开图 3-35 所示窗口,选择将更换背景的图像导出为 jpg 格式。

图 3-33　使用调整边缘画笔工具

图 3-34　更换背景

图 3-35　导出为 jpg 格式

实验 3-4：天空替换

实验 3-4

1）实验要求

为素材图像"实验 3-4.jpg"更换天空，将作品保存为 jpg 格式，更换前与更换后的对比如图 3-36 所示，左边为素材，右边为处理结果。

图 3-36　天空替换实验

2）实验目的

了解一些便捷和高效编辑图像中天空的方法。

3）实验步骤

步骤 1：在 Photoshop 中打开素材图像，依次选择菜单栏中的"选择"→"天空"选项，即可将图像中的天空部分选为选区，如图 3-37 所示。Photoshop 会自动识别图片中的天空部分，并可以一键选择天空或天空以外的主体，这种自动识别的功能大大简化了选择过程，特别是在处理包含复杂背景和边缘的天空图片时。

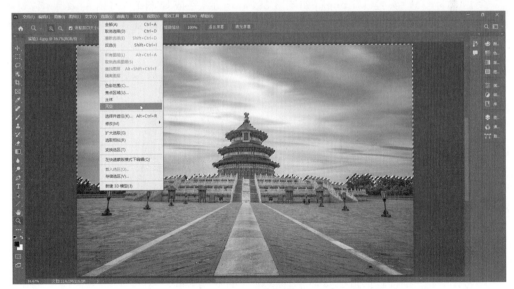

图 3-37　选择天空

步骤 2：依次选择菜单栏中的"编辑"→"天空替换"选项，在图 3-38 所示的"天空替换"窗口中选择所需选项及参数,即可将天空一键替换。

图 3-38　天空替换

步骤 3：在菜单栏中依次选择"文件"→"导出"→"导出为"选项,将处理好的图像导出为 jpg 格式。

实验 3-5

实验 3-5: 调色与变换

1) 实验要求

使用素材图像"实验 3-5.png",如图 3-39(a)所示,完成如图 3-39(b)的效果图,要求每个瓶子的颜色、位置及大小都设置为不同。作品保存为 jpg 格式。

(a) 原图　　　　　　　　(b) 效果图

图 3-39　调色与变形实验

2) 实验目的

学习图像的基本调色方法;学习图像或选区的变换操作。

3) 实验步骤

步骤 1：在 Photoshop 中打开素材图片"实验 3-5.png",新建另一幅合适大小的图像,例如 3000×2000 像素。使用适当的选择工具选取瓶子,并使用"移动工具"将瓶子移动到新建图像上。两个图像窗口以平铺方式显示,如图 3-40 所示。

图 3-40 选择图像区域,移动到新建图像

步骤 2:在新建图像中选择菜单栏中的"图像"→"调整"→"色相/饱和度"选项,如图 3-41 所示,即可打开图 3-42 所示的窗口,调整色相、饱和度、明度 3 个参数的取值。图像调色有其他多种方法,如"亮度/对比度""色阶""曲线"等,其中,"色相/饱和度"调色是通过视觉对颜色的直观感觉调色的常用方法。

图 3-41 图像调色

步骤 3:再次移动实验 3-5.jpg 中的瓶子选区到新建图像上,摆放到合适位置,在"图像"→"调整"菜单中选择一种调色方法完成调色。选择菜单"编辑"→"变换",如图 3-43

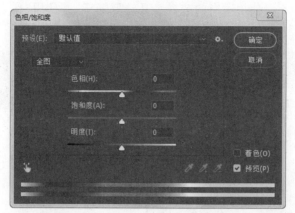

图 3-42　"色相/饱和度"调整窗口

所示，可以对瓶子进行各种变换，包括缩放、旋转、扭曲等，单击编辑区上方工具属性栏的"提交变换"，完成变换操作。

图 3-43　图像变换

步骤 4：使用同样的方法，再移动第三个瓶子到新建图像上，完成调色和变换处理，示例效果如图 3-44 所示。最后将处理完成的新建图像导出为 jpg 格式。

实验 3-6: 消除与仿制

实验 3-6

1）实验要求

对素材"实验 3-6.jpg"图中的人物进行消除与仿制两种处理，完成后的图像分别保存为 jpg 格式，本实验的素材及结果示例如图 3-45 所示。

2）实验目的

学习消除图像部分内容的方法；学习仿制图像部分内容的方法。

图 3-44　完成调色与变换

(a) 原图　　　　　　　　　　　　　　　(b) 效果图

图 3-45　消除与仿制实验

3）实验步骤

步骤 1：在 Photoshop 中打开素材"实验 3-6.jpg"，使用"对象选择工具"可以自动获得人物选区，具体的实现过程如图 3-46 所示。如果边缘部分选择得不够精细，可以使用

图 3-46　自动选择对象

本章实验 3-3 所用的"选择并遮住"功能细化边缘的选择。

　　步骤 2：右击当前人物选区，在弹出的下拉菜单中选择"内容识别填充"，打开图 3-47 所示的界面。Photoshop 的"内容识别填充"功能可以根据周围的图像内容智能地填充选定的区域，其中绿色区域为样本区域。在图 3-47 中间的"预览"窗口中能够看到智能填充的效果还不尽如人意。

图 3-47　内容识别填充

　　步骤 3：我们换一种工具尝试一下。重新打开图像，在工具栏中选择"污点修复画笔工具"，并在工具属性栏中将画笔大小调大，而后用其涂抹人物，人物就神奇地消除了，如图 3-48 所示。

图 3-48　使用污点修复画笔工具绘图

步骤 4：我们再尝试一个更为简单的工具。重新打开素材图像,在工具栏中选择"移除工具",在工具属性栏中将笔画笔大小调大,而后用其涂抹人物,快速消除人物。目前,智能修复和内容感知的工具越来越丰富,满足我们多样化的处理需求。

步骤 5：重新打开素材图像。在工具栏中选择"仿制图章工具",调整工具大小(根据情况调整,本示例为大于 1000),对要复制的区域,按住 Alt 键点按,以定义为源区域,如图 3-49 所示。此时,光标上就"刻"有源区域的图章信息。将光标移动到合适位置,单击并向落点四周轻轻移动鼠标,就可以将图章绘制到其他位置了。

图 3-49　使用仿制图章工具绘图

步骤 6：最后将处理完成的两种效果分别导出为 jpg 格式图像。

实验 3-7: 人像修图

1)实验要求

完成对素材"实验 3-7.jpg"中人像原图的精修。

2)实验目的

学习多种修饰工具的使用方法;了解滤镜的使用方法及人脸识别液化技术。

3)实验步骤

步骤 1：在 Photoshop 中打开素材图像,使用"缩放工具"放大图像,可以查看图像细节。对于一些范围较小、与周围像素有明显差异的区域,如图 3-50 所示的面部的一些雀斑、额头的皱纹等,可以使用"污点修复画笔工具"快速去除。

步骤 2：对面部的皮肤、额头等面积较大的像素区域,使用"模糊工具"进行处理,模糊掉像素差异,使颜色更为均匀,具体操作如图 3-51 所示。

步骤 3：对眼睛下方的黑眼圈,脖颈的阴暗处,都可以使用"减淡工具"使颜色变浅,具体操作如图 3-52 所示。

步骤 4：在 Photoshop 中,人像磨皮有多种方法,不同的方法适用于不同的情况和需

实验 3-7

图 3-50　使用"污点修复画笔工具"修复人像

图 3-51　使用"模糊工具"修复人像

求。例如高斯模糊法适用于肤质较好、瑕疵较少的情况。通道磨皮法适用于面部有较明显的斑点或其他瑕疵的情况。双曲线磨皮法效果精度比较高，一般用于高清的商业修图，Photoshop 还有许多第三方插件可以进行人像磨皮，如 Portraiture、Noiseware 等。另外，"美图秀秀"等图像处理产品也提供了许多快捷工具完成人像修图的工作，主要处理内容如图 3-53 所示。

　　步骤 5：人脸识别液化技术是一种高级的人像编辑功能，可以自动识别图像中的人脸特征，并对这些特征进行精细化的调整。在 Photoshop 中，依次选择菜单栏中的"滤镜"→"液化"，即可打开"液化"窗口，如图 3-54 所示。系统会自动识别图像中的人脸特征，并在界面上显示相应的控制点。拖动这些控制点可以对人脸特征进行各种调整，如

图 3-52 使用"减淡工具"修复人像

图 3-53 "美图秀秀"的人像美容功能

调整眼睛大小，改变鼻子形状等。还可以使用其他的液化工具，如向前变形工具、冻结蒙版工具等，对图像进行更加精细化的处理。

图 3-54 使用人脸识别液化技术修复人像

步骤 6：综合应用各种工具和方法完成人像修图，并将结果导出为 jpg 格式。

实验 3-8

实验 3-8: 常见图文处理

1）实验要求

对图 3-55（a）的两幅素材图像进行合成处理，并添加适当的文字元素，要求画面合成自然，文字处理美观，最终作品适用于公众号文章配图（1024×768 像素），并导出为 jpg 格式。

(a) 原图   (b) 效果图

图 3-55 图文处理实验

2）实验目的

学习图文处理的基本方法；学习如何添加字体；学习图层的编辑与合成。

3）预备知识

在日常生活中，图文处理的需求非常广泛。例如，制作社交媒体帖子、公众号文章、广告海报、宣传册、个人简历、电子贺卡等，都需要进行图文处理。这些需求通常涉及图像和文字的编辑、排版、美化等。

因平台、设备、设计风格等因素不同，图文处理一般会有一些标准的尺寸要求。除了自定义尺寸之外，图 3-56 列出了目前常见的一些标准。

图 3-56 常见图文处理的尺寸标准

　　对素材的色彩搭配、字体选择、排版布局等进行综合处理，才能创造出美观、易读且具有吸引力的图文内容。如图 3-57 所示，通过对图 3-57(a)素材的综合处理，得到了图 3-57(b)不同的图文处理效果。

(a)　　　　　　　　　　　　　　　　　　(b)

图 3-57　常见图文处理示例

4）实验步骤

　　步骤 1：在 Photoshop 中打开两个素材图像，在"窗口"菜单中选择"平铺"排列。使用"对象选择工具"，在素材 1 中选择对象主体，具体操作如图 3-58 所示。

图 3-58　对象选择

　　步骤 2：对于复杂边缘的对象，可以单击工具属性栏的"选择并遮住"功能，对边缘进行调整，调整后的选区更为精细。使用"移动工具"，将选区移动到素材 2 的画面上。依次选择菜单栏中的"编辑"→"变换"，可以缩放选区对象。单击"提交变换"按钮完成变换，具体操作如图 3-59 所示。

　　步骤 3：选择工具栏中的"直排文字工具"，将光标落在素材 2 画面的适当位置，在画面上添加图 3-60 所示的文字。

　　步骤 4：打开编辑区左上方的文字工具属性栏，在其中通过选择字体、设置字体大

图 3-59　移动和变换选区

图 3-60　添加文字

小、设置文字对齐方式等属性，对文字进行编辑和排版。其中，字体列表列出了当前操作系统中安装的字体，如图 3-61 所示。

　　字体文件经常以 ttf 格式保存，图 3-62 中列出了一些字体文件示例。选择并获取了所需的字体文件后，双击该文件，打开图 3-63 所示的字体安装界面，单击"安装"按钮即可完成字体安装。当前操作系统的应用程序都可使用已安装的字体，Photoshop 文字工具的字体列表也能够列出这个字体。

　　步骤 5：在图 3-64 所示的 Photoshop"图层"面板中有 3 个图层，分别是"背景""图层1"和文字图层。图层就像是一张张叠起来的透明胶片，每张透明胶片上都有不同的画

图 3-61 设置文字属性

图 3-62 字体文件示例

图 3-63 字体安装

面,改变图层的顺序和属性可以改变图像的最后效果。对图层进行操作,使用它的特殊功能可以创建很多复杂的图像效果。每个图层都是一幅相对独立的图像,在一个图层上编辑时,不会影响其他图层上的内容。

图 3-64　"图层"面板

当把图像保存为 psd 格式时,每个图层的信息都可以保留下来,方便后续编辑和合成,因此,许多图文模板都以 psd 格式保存。右击图层名称,弹出的下拉菜单包含对当前图层进行的各种操作。在图 3-65 中右击"背景"图层,选择"拼合图像",多个图层被合成为一个图像。

图 3-65　拼合图像

步骤 6:在 Photoshop 工具栏中选择"裁剪工具",将拼合后的图像裁剪为 1024:768

的宽高比例,适用于公众号文章配图,如图 3-66 所示。

图 3-66　裁剪工具

步骤 7:最后将处理完成的图文处理结果导出为 jpg 格式。

实验 3-9: 照片批量处理

实验 3-9

1) 实验要求

"实验 3-9"文件夹中的所有图像属性及缩略图如图 3-67 所示,请将所有图像大小修改为 3000×2000 像素,显示分辨率设置为 72 像素/英寸,并添加"制作人姓名制作"作为文字水印,处理完成的所有文件存储为 jpg 格式。

图 3-67　照片批量处理素材

2）实验目的

学习动作及使用方法,学习图像的自动批量处理方法。

3）预备知识

进行图像处理时,经常需要对大量图像进行相同的处理,这其中包括使用相同的处理命令和参数。如果对每个图像重复相同操作,会浪费许多时间。

Photoshop 提供了一种称为"动作"的功能,可以将多个操作过程组合成一个动作,从而实现操作的自动化。用户可将编辑图像的多个步骤录制为一个动作。执行该动作,就相当于执行了其中包括的多条编辑命令。打开一个示例图像素材,依次选择菜单栏中的"窗口"→"动作",即可在 Photoshop 的"动作"面板中看到内置"默认动作",如图 3-68 所示。单击面板右上角的扩展按钮,可以看到内置的其他常用动作。通过菜单中的"载入动作""复位动作""新建动作"等功能应用"动作",以处理重复操作,就像编写程序去反复执行一样。

图 3-68　"动作"面板

例如,选择"图像效果"动作文件夹中的"仿旧照片"动作,将示例素材处理为老照片效果,这个动作中包含了"建立：快照"→"复位色板"→"转换模式"……一系列操作,单击"动作"面板下方的"播放选定的动作"按钮,即可在当前素材上执行这个动作包含的一系列操作,具体操作如图 3-69 所示。

对大量的图像执行同一个动作时,可以使用 Photoshop 自动化工具中的"批处理"工具快速完成批量工作,具体功能菜单如图 3-70 所示。

4）实验步骤

步骤 1：在桌面上新建一个"实验 3-9 结果"文件夹备用。启动 Photoshop,在一张示例图像上完成所需的一系列操作,并记录到"动作"中,方便后续自动批处理执行它。具体方法是：任意打开一张"实验 3-9"文件夹中的图像,依次选择菜单"窗口"→"动作",单

图 3-69　"仿旧照片"动作

图 3-70　自动批处理功能

击"动作"面板右下角的"新建动作"按钮,新建名称为"动作 1",放在"默认动作"组中。单击"记录"按钮。

步骤 2:"动作"面板下方的"开始记录"按钮点亮,接下来对示例图像所做的一系列操作都将被记录在"动作 1"中。例如,图 3-72 正在记录第一个操作,依次选择菜单栏中的"图像"→"图像大小",可以将图像大小的修改为宽度 3000 像素,高度 2000 像素(单击"锁链"选项取消限制长宽比),分辨率(这里指显示分辨率)设置为 72 像素/英寸,单击"确定"按钮。此时,所做操作及设置取值均被记录在"动作 1"中。

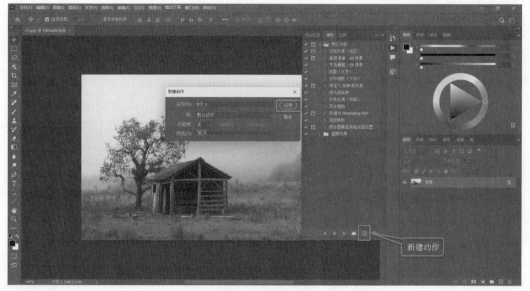

图 3-71　新建动作

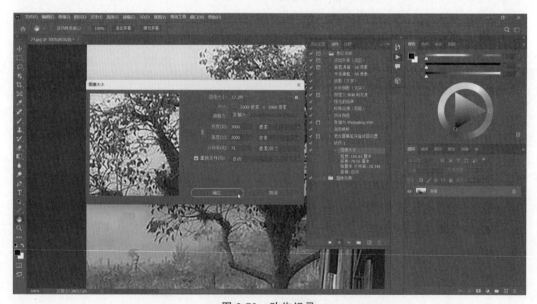

图 3-72　动作记录

步骤3：继续在示例图像上完成一系列操作，包括建立文本图层，并与背景图层拼合成一幅图像，最后将图像以 jpg 格式保存在预先建立的"实验 3-9 结果"文件夹中。单击"停止记录"按钮，完成"动作 1"的全部记录。"动作 1"中具体的操作内容如图 3-73 所示。

步骤4：将"动作 1"应用到批量图像上，可以使用 Photoshop 菜单"自动"→"批处理"功能，打开图 3-74 所示的"批处理"窗口，选择需要播放的动作、"源文件夹""目标文件夹"，并勾选"覆盖动作中的'存储为'命令"（注：动作 1 中已经记录了存储命令），完成选项设置后，单击"确定"按钮。

图 3-73 停止动作记录

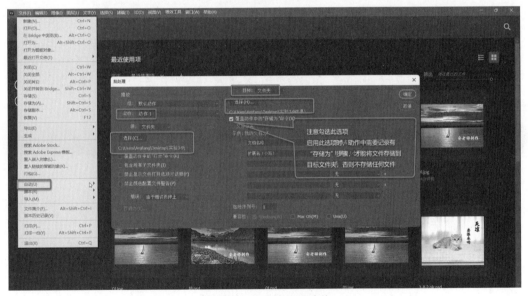

图 3-74 自动批处理功能

步骤 5："实验 3-9"中的每幅图像将通过自动批处理功能完成"动作 1"中一系列的操作，并依次存放在"实验 3-9 结果"文件夹中。在图 3-75 所示的结果中，可以看到每幅图像都已按照要求设置为统一大小，并添加了文字水印。

实验 3-10: 证件照排版

1）实验要求
使用素材文件夹"实验 3-10"中的照片及给定的扩展动作插件，完成标准一寸蓝底证

实验 3-10

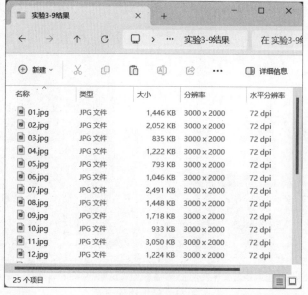

图 3-75　实验 3-9 的结果

件照在六寸照片纸上的排版，完成后图像导出为 jpg 格式。本实验的素材及结果示例如图 3-76 所示。

2）实验目的

学习日常证件照的综合处理及快速排版方法。

3）预备知识

本实验需要在 Photoshop 中安装扩展插件，从而更为快捷地实现证件照排版工作。在 Photoshop 中，许多经常重复的操作组合被记录为"动作"，存储在"动作"面板的扩展菜单中，这些动作实际是以扩展插件形式安装在 Photoshop 特定路径下的，如图 3-77 所示的 9 种扩展动作就是以 atn 文件的形式安装在 Presets\Actions 目录下的。如需要扩

(a) 原图 (b) 效果图

图 3-76 证件照排版实验

展安装其他动作插件，只需将存储动作的 atn 文件复制至这一位置，或者在菜单中选择
"载入动作"，即可扩展出更丰富的动作。Photoshop 中扩展滤镜、画笔等其他插件的安装
也是类似的方式。

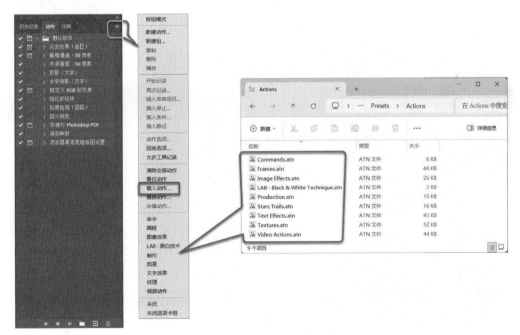

图 3-77 扩展动作及安装路径

例如，本实验提供了"影楼常见排版处理.atn"动作插件，选择下拉菜单中的"载入动
作"，即可在图 3-78 所示的窗口中看到这个动作文件夹及包含的各种常见证件照的排版
动作。

图 3-78　添加动作插件

4) 实验步骤

步骤 1：在 Photoshop 中打开素材图像，首先需要对原图进行裁剪及换背景处理。一寸照片的宽高比通常为 2.5∶3.5，在工具栏中选择"裁剪工具"，并在裁剪工具的属性栏中设置按"比例"裁剪，即可按 5∶7 的比例选择头像适当选区，如图 3-79 所示，单击"提交当前裁剪操作"完成。

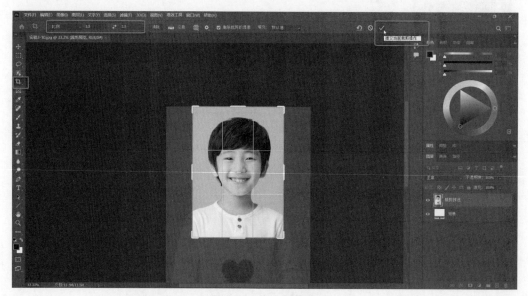

图 3-79　按比例裁剪

步骤 2：使用"对象选择工具"及"选择并遮住"功能精细选择头像选区，具体操作可参考本章实验 3-3。而后右击选区，在弹出的快捷菜单中选择"选择反向"选项，如图 3-80 所示。将背景区域选为选区。

图 3-80　选择背景选区

步骤 3：在"颜色"面板中选择蓝色为前景色，右击当前选区，在下拉菜单中选择"填充"→内容："前景色"，单击"确定"按钮完成换背景。最后，依次选择"选择"→"取消选择"或按 Ctrl＋D 组合键取消当前选区。

图 3-81　颜色填充

步骤 4：在菜单中选择"窗口"→"动作"，打开动作面板。在已安装的"影楼常见排版处理"动作文件夹中选择"6 寸(4R)冲印一寸证件照"，这个动作包含了一系列操作，单击动作面板下方的"播放选定的动作"按钮，即可在当前图像上完成这一系列操作，如图 3-82 所示。

图 3-82　播放选定动作

步骤 5：动作播放结束后，可以看到图 3-83 所示的排版效果。使用"动作"功能可以使图像处理工作自动化完成，这对于日常生活中一些大量的重复性图像处理工作非常必要。最后，把完成后的作品保存为 jpg 格式。

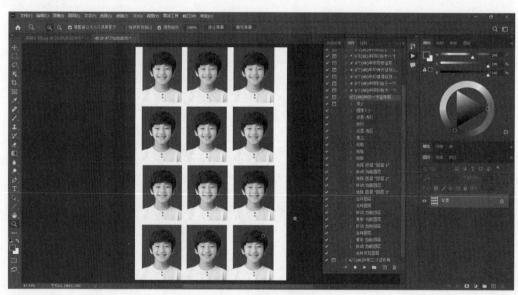

图 3-83　证件照排版效果

实验 3-11: 图像综合处理

实验 3-11

1) 实验要求

使用给定素材文件夹中的图像，完成示例的图像综合处理。最终作品图像分辨率为

5000×5000 像素(注：由 10 行 10 列共 100 张小图像拼接而成,每幅小图像大小为 500×500 像素,显示分辨率设为 72dpi),在拼合图像上添加制作人信息,最终作品导出为 jpg 格式。

2) 实验目的

学习并巩固图像的综合处理。

3) 预备知识

本实验最终需要将 100 张同样大小的图像拼接在一起,在 Photoshop 菜单栏中的 "文件"→"自动"下拉菜单中,有一种名叫"联系表 II"的功能,可以快速完成拼图工作,也可以快速生成大量图像的索引图。另外,Shape Collage、"美图秀秀"等产品也提供了丰富的拼图模板。

4) 实验步骤

步骤 1：本实验的 100 张图像素材都要修改为同样大小和显示分辨率,这种大量重复性工作可以创建一个动作完成。在 Photoshop 中打开任意一个图像素材,在"窗口"菜单中选择打开"动作"面板。单击面板下方的"创建新动作"按钮,准备将一系列操作记录在这个新动作中,如图 3-84 所示。

图 3-84　创建新动作

在桌面上新建一个"实验 3-11 结果"文件夹备用。对当前素材图像完成修改图像大小及显示分辨率操作,并使用"存储为"命令保存到"实验 3-11 结果"文件夹,这几个操作都会记录在动作中。完成记录后,单击"停止记录"按钮,如图 3-85 所示。

步骤 2：依次选择菜单栏中的"文件"→"自动"→"批处理"选项,选择播放已录制的动作,并选择源与目标文件夹。勾选"覆盖动作中的'存储为'命令",单击"确定"按钮,100 张图像的批处理操作就开始了。等待批处理结束后,"实验 3-11 结果"文件夹中显示 100 张图像都已修改为统一大小和显示分辨率了,如图 3-86 所示。

步骤 3：依次选择菜单栏中的"文件"→"自动"→"联系表 II"选项,对 100 张处理后的

图 3-85　完成动作记录

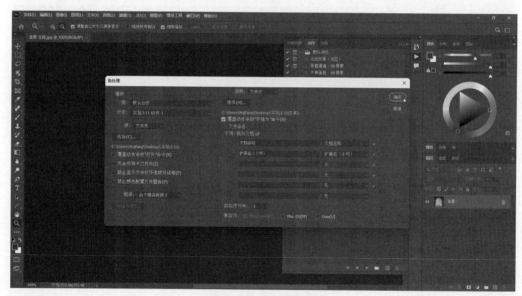

图 3-86　启动自动批处理

小图像执行拼接。具体设置信息如图 3-87 所示。

步骤 4：在生成的联系表图像上使用工具栏中的"矩形工具"添加矩形图层，再使用"横排文字工具"添加制作人信息文字图层，具体操作如图 3-88 所示，最终将作品导出为要求的 jpg 格式。

图 3-87 自动生成联系表

图 3-88 添加形状及文字信息

3.4 习　　题

单选题

(1) 构成数字图像的最基本单位是(　　)。

　　A. 像素　　　　　　B. 图层　　　　　　C. 颜色　　　　　　D. 通道

(2) 如果位深度为 24,则构成这个数字图像的颜色总数是(　　)种。

A. 24　　　　　　B. 256　　　　　　C. 65 536　　　　　　D. 约 1600 万

（3）图像数字化的过程可以简化描述为（　　　）。

A. 采样——量化——编码　　　　　　B. 量化——采样——编码

C. 采样——编码——量化　　　　　　D. 编码——采样——量化

（4）在数字化图像时，图像中的每个像素被量化成的二进制的位数称为（　　　）。

A. 分辨率　　　　B. 位速　　　　C. 位深度　　　　D. 码率

（5）彩色打印机有 4 个颜色的墨盒，这种彩色打印机的颜色模式是（　　　）。

A. RGB　　　　B. CMYK　　　　C. Lab　　　　D. HSB

（6）一幅 4K 超高清、宽高比为 4∶3 的真彩色数字化图像，不经压缩时的数据量大约是（　　　）。

A. 3KB　　　　B. 30KB　　　　C. 3MB　　　　D. 30MB

（7）在 Photoshop 的拾色器中，选择了图 3-89 所示的蓝色，这种颜色的饱和度是（　　　）。

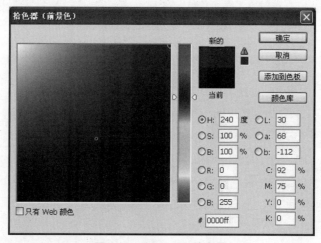

图 3-89　Photoshop 拾色器

A. 100%　　　　B. 255　　　　C. 240°　　　　D. 92%

（8）对于一幅位深度为 24，颜色模式为 RGB 的图像来说，需要用（　　　）个二进制位来存储每一个像素点的 R 通道（即红色通道）的取值。

A. 1 位　　　　B. 2 位　　　　C. 8 位　　　　D. 24 位

（9）在 Photoshop 中精修人像时，需要快速处理脸颊上的一个小黑点，可以选择（　　　）。

A. 涂抹工具　　　　　　　　B. 污点修复画笔工具

C. 橡皮擦工具　　　　　　　　D. 模糊工具

（10）Adobe Photoshop 中，关于"图层"面板的描述，（　　　）是错误的。

A. 各图层之间的叠放顺序是可以改变的

B. 图层之间选择不同的合成运算，可以得到不同的效果

C. 多个图层可以合并成一个

D. 在 Photoshop 中打开一幅图像时,可以在图层面板中删除所有的图层

(11) 在 Photoshop 中完成对 10 000 张图像使用相同的处理命令和参数时,可以使用(　　)功能提高处理效率。

　　A. 滤镜　　　　　　B. 图层　　　　　　C. 历史记录　　　　D. 自动-批处理

(12) 在 Photoshop 中进行图像处理时,经常需要进行相同的处理及参数选择,可以将其录制为(　　)。

　　A. 滤镜　　　　　　B. 选项　　　　　　C. 动作　　　　　　D. 通道

(13) 人眼看到一种或多种波长的光时所产生的颜色感觉被称为(　　)

　　A. 明度　　　　　　B. 灰度　　　　　　C. 色相　　　　　　D. 饱和度

(14) 在 RGB 颜色空间中,RGB(R255,G255,B255)是(　　)。

　　A. 白色　　　　　　B. 红色　　　　　　C. 透明色　　　　　D. 黑色

(15) 根据人对颜色的感觉来描述颜色的颜色模型是(　　)。

　　A. RGB　　　　　　B. CMYK　　　　　　C. YUV　　　　　　D. HSB

(16) 一幅 640×480 像素的真彩色(位深度为 24 位)图像,未压缩的图像数据量大约是(　　)。

　　A. 300KB　　　　　B. 900KB　　　　　C. 1440KB　　　　　D. 7MB

(17) 以下(　　)格式不是图像文件格式。

　　A. BMP　　　　　　B. JPG　　　　　　C. MPG　　　　　　D. PNG

(18) 如果要保留背景色透明和像素半透明的图像特征,需要将图像保存为(　　)格式。

　　A. JPG　　　　　　B. GIF　　　　　　C. PNG　　　　　　D. HTML

(19) 制作网页上的标题文字、按钮及小图标等,常用的图像格式为(　　)。

　　A. BMP　　　　　　B. PSD　　　　　　C. GIF　　　　　　D. JPG

(20) 如果某手机前置摄像头的像素达 3200 万像素,用它拍摄的位深度为 24 的真彩色照片,经过 10000∶1 的压缩后,数据量是(　　)。

　　A. 9.6KB　　　　　B. 96MB　　　　　C. 768MB　　　　　D. 768KB

第 4 章

chapter 4

动画设计与制作

扩展实验（约3学时）
实验4-7：MG动画
实验4-8：H5动画

进阶实验（约2学时）
实验4-5：蝴蝶飞舞
实验4-6：角色动画

基础实验（约2.5学时）
实验4-1：GIF动态表情
实验4-2：动态广告条
实验4-3：落叶飘飞
实验4-4：风车转动

理论讲解（约1.5学时）
动画的基本概念
动画的原理及构成原则
主流动画媒体形式及应用

图 4-1　第 4 章内容结构图

本章学习目标：
- 了解动画的基本概念及发展历史。
- 理解动画的基本原理。
- 理解动画的构成原则。
- 比较传统动画与计算机动画制作流程的异同。

- 理解计算机动画的技术分类。
- 分析和比较主流的动画媒体形式及应用领域。
- 理解元件及元件复用的制作理念。
- 掌握补间动画的实现方法。
- 应用主流动画制作工具制作 GIF 动画。
- 应用主流动画制作工具制作 MG 动画。
- 应用主流动画制作工具制作 H5 动画。

4.1　动画的基础知识

作为多媒体技术中一种独特的媒体类型,动画具有生动有趣、表现力强、制作灵活、表现形式多样等特点。它有广泛的应用领域,在现代社会中扮演着越来越重要的角色。

4.1.1　基本概念

将动态视觉信息放到计算机中,可以存储为两种类型的媒体:动画和视频。本章讲解动画,第 5 章将介绍视频。

动画比较正式的英文单词是 Animation,这个词源自于拉丁文字根 anima,意思为"灵魂",它的动词 animate 就是"赋予生命"的意思,引申为"经由创作者的安排,使原本不具有生命的东西像获得生命一样地活动"。

在多媒体技术中,动画指的就是人工制作出的动态画面。因此,只要不是实拍的方法得到的动态画面媒体信息,都是动画。动画将无生命的画面形象或客观物体进行动态的展示,赋予其栩栩如生的生命形态或运动自如的动态艺术效果,集绘画、电影、数字媒体、摄影、音乐、文学等众多艺术门类于一身,是一门综合艺术。

4.1.2　动画的原理

人们为什么会把原本不动的画面看成动的呢?这就要从动画的视觉原理说起。

1828 年,法国人保罗·罗盖发明了留影盘,它是一个被绳子在两面穿过的圆盘,如图 4-2 所示。圆盘的一个面画了一只鸟,另一个面画了一个空笼子,当快速正反翻动圆盘时,鸟就出现在笼子里了,这是一种视觉暂留现象。视觉暂留是人眼具有的一种性质。人眼观看物体时,成像于视网膜上,并由视神经输入人脑,感觉到物体的像。但当移去物体时,视神经对物体的印象不会立即消失,而要延续大约 0.04s 的时间,这种性质被称为"眼睛的视觉暂留"。视觉暂留是动画、电影等视觉媒体形成和传播的根据。

医学证实了人眼具有"视觉暂留"特性,即人的眼睛看到一幅画或者一个物体后,在 1/24s 内不会消失。那么,如果一幅画面在眼前还没有消失前,播放出下一幅画面,就会给眼睛造成一种流畅的视觉变化效果。如果将静态的图像、图形等按照一定的时间顺序显示,使其形成连续的动态画面,再通过连续播放给人眼带来画面活动的错觉,就形成了动画。

图 4-2　留影盘实验

在动画制作中，"帧"是动画中最小单位的单幅画面，相当于电影胶片上的每一格镜头。一帧就是一幅静态的画面，连续的帧就形成动画。

帧频，即 FPS(frames per second)，也就是每秒的画面帧数。高的帧频可以得到更流畅、更逼真的动画。每秒钟帧数越多，所显示的动作就越流畅。

在 Adobe Animate 中按照时间顺序连续播放图 4-3 中的 3 帧静态画面（注：本章使用 Adobe Animate 2023 作为演示工具，以后简称 Animate。图 4-4 所示是在 Animate "基本功能"工作区中完成的视觉实验），当 FPS 设置为 1，每幅画面在眼前停留 1s，而后切换为另一幅画面，此时，画面并不连续，人眼能够感觉到明显的卡顿。

图 4-3　3 帧静态画面

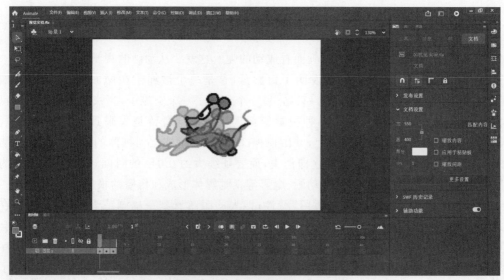

图 4-4　Animate"基本功能"工作区

当调高 FPS 时,我们能够感受到不同帧频条件下画面连续性的差异。其中,FPS＝24 是一个"分水岭",当帧频大于 24 时,每帧画面停留的时长将小于 0.04s,达到了视觉暂留的边界值,人眼感受到的是画面无法拆分、非常流畅的视觉效果。

我们平时生活中,电影放映时的标准是每秒 24 幅画面,PAL 制式的电视是每秒 25 幅画面,NTSC 制式的电视是每秒 30 幅画面。它们画面之间的时间间隔都小于视觉暂留的 1/24s,因此,人们会感觉它是流畅的、运动的。

4.1.3　动画的构成原则

有人说,动画就是制作"一秒钟里的 24 分身",但是随意排列的画面序列并不能构成真正意义上的动画,动画的构成有其基本原则。

第一个原则：动画由多画面组成。

第二个原则：画面之间的内容必须存在差异。

第三个原则：画面表现的动作必须连续,即后一幅画面是前一幅画面的继续。

图 4-5 就是一个 GIF 表情包动画的逐帧拆解画面,共 10 帧,每幅画面的内容均有差异,且动作连续。快速连续地显示这些帧,帧频大于 24,便形成了流畅的动画。

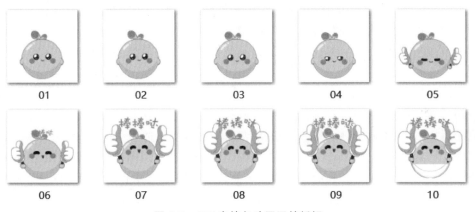

图 4-5　GIF 表情包动画逐帧拆解

动画制作里的 1s 通常由 24 幅静止的画面组成,好似电影人物的 24 个分身,各自扮演着动作、场景变化中的不同定格。

4.1.4　动画的发展历程

两万五千年前的石器时代洞穴上的野牛奔跑分析图,是人类试图捕捉动作的最早证据。在一张图上把不同时间发生的动作画在一起,这种"同时进行"的概念间接显示了人类"动"的欲望。在文艺复兴时期,达·芬奇画作上的人有 4 只胳膊,表示双手上下摆动的动作；在中国绘画史上,艺术家有把静态绘画赋予生命的传统,如南朝谢赫的"六法论"中主张"气韵生动"。在清代蒲松龄的《聊斋志异》中,"画中仙"人物走出卷轴同样体现了古人对活动画面的诉求。这些和动画的概念都有相通之处。

随着人类文明的进步,动画装置的发明真正发展出使画上的图像动起来的功夫。动画装置的发明可以追溯到 19 世纪。早期，动画的原始雏形包括一些简单的装置，如"魔术幻灯"和"诡盘"。这些装置通过不同的技术手段，如透镜、灯光和旋转盘面，创造了动态图像的幻觉，图 4-6 中列出的就是一些早期的动画装置。

图 4-6   早期的动画装置示例

然而，真正意义上的动画装置是在 19 世纪末和 20 世纪初逐渐发展起来的。例如，1877 年，法国人埃米尔·雷诺(Emile Reynaud)发明了一种名为"光学影戏机"的装置，它结合了之前各种动画装置的优点，通过镜子和旋转的鼓形装置来放映动画。这一发明被认为是动画技术的重大突破，对后来的动画制作产生了深远的影响。

随后，随着电影技术的兴起和发展，动画装置也逐渐与电影技术相结合。例如，卢米埃尔兄弟等先驱者在电影实践中发现了定格再拍的原理，并尝试制作了一些简单的动画片段。这些努力为后来的动画电影制作奠定了基础。

1908 年，人们开始用负片制作胶片动画影片。1915 年，人们开始在赛璐珞(Celluloid)上画动画片，再拍摄成动画电影。赛璐珞是制作动画片的过程中使用的一种材料，泛指使用这种材料制作动画的形式。动画工作室的画师通过在透明片上勾勒和涂色，从而绘制出我们在电影、电视上看到的每一帧的画面。赛璐珞是早期制作传统动画电影的主要手段，近年来随着计算机技术的发展，动画电影引入了 3D 技术、传统的二维动画也越来越多地采用手工绘制和计算机软件合成，使得一笔一画悉心勾勒的赛璐珞片成了历史。

动画最核心的本质是运动，是通过技术手段创造运动幻觉。无论是最初的动画雏形，还是现在大型豪华动画片，动画的本质并没有变化，而动画的制作方法却发生着日新月异的变化。

4.2　动画的制作方法

传统制作方法主要依赖手工绘制和物理设备来制作动画。这种方法包括在纸上手绘每一帧，然后使用摄影机或扫描仪将每一帧转换为数字格式，最后通过编辑软件进行合成和后期处理。传统制作方法的优点是可以创造出独特的视觉效果和艺术风格，但需要耗费大量的时间和人力资源，成本较高。

　　计算机制作方法则是利用计算机软件和硬件技术来制作动画。这种方法可以通过在计算机上建立模型,设计动作和场景,然后利用计算机渲染技术生成最终的动画效果。计算机制作方法的优点是制作效率高、成本较低,且可以制作出高质量的动画效果。同时,计算机制作方法还提供了更多的创作自由度和灵活性,使动画师可以更加自由地发挥想象力和创造力。

　　随着计算机技术的不断发展和普及,计算机制作方法在动画制作中的应用越来越广泛。现在,许多大型动画项目和商业广告都采用计算机制作方法完成。然而,传统制作方法仍然具有独特的魅力和价值,特别是在一些艺术性和创意性较强的动画作品中。

4.2.1　传统的动画制作

　　动画的制作流程不同于绘画和摄影艺术,需要通过大量的画幅实现动态的艺术效果。传统动画的制作流程可以分为 4 大阶段。当然,不同环境、不同动画风格的动画制作细节还是有不同的。随着科技的发展,很多传统的动画制作方法被慢慢取代了。传统动画的制作流程可以用图 4-7 简要概括。

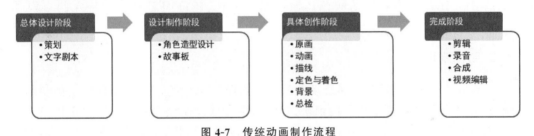

图 4-7　传统动画制作流程

　　图 4-8 是一个具体创作阶段的典型实例。在具体创作阶段,原画师会在故事板的基础上绘出最精致而逼真的动作,到这个阶段,动画绘制进入最精细的阶段,而原画所描绘的动作并不是动作的全部,仅是一个动作的几个主要阶段的开始和结束。比如下蹲,原画的使命就是画出站立时的样子和完全蹲下去后的样子,最多中间加一张动作完成到一半时的动画草图。此时,需同期进行原画详细背景的绘制工作。

　　动画师的使命就是将一段动画开始与结束之间的那些动态的过程画出来,否则如果屏幕上仅出现原画,动作就会很生硬,缺乏流畅的过渡。

　　描线阶段将动画纸上的线条影印在赛璐珞上,并对所有的动画的线条重描,描成最终出现在屏幕上的样子。

图 4-8　"名侦探柯南"原画手稿与赛璐珞

定色与着色是开始拍摄前的最后一步，对描线后的赛璐珞片进行上色，先定好颜色，在每个部位写上颜色代表号码，再涂上颜色。

4.2.2 计算机动画制作

随着计算机图形学和计算机硬件的不断发展，以及超级个人计算机和大容量数据存储器的出现，传统动画的制作工艺发生了变化。

从记录动画开始，随后模拟传统动画，直到现在形成了独特风格的计算机动画，计算机在动画制作中扮演的角色，已经从纯粹的制作工具发展到了处理工具和设计工具。当然，除了需要动画制作的概念和思想以外，制作计算机动画还需要计算机硬件设备和软件环境的技术支持。

1. 硬件需求

从硬件角度看，制作动画的计算机应该是一台多媒体计算机，能够使用和加工各种媒体素材，应该尽可能采用高速 CPU、足够大的内存容量以及大量的硬盘空间。另外，显示卡的缓存容量与动画系统的分辨率有紧密的关系，其容量应该尽可能大，保证较高的显示分辨率和良好的颜色还原质量。另外，还可能需要一些特殊的多媒体配件。

2. 制作流程

计算机动画的制作流程与传统动画的制作流程没有太大差别，例如传统动画制作的原画阶段，在计算机中就是用关键帧来实现的；传统动画制作中赛璐珞的制作相当于在计算机动画中制作元件；而传统动画制作中彩色背景与赛璐珞的叠加，在计算机动画中可以用图层的概念方便地实现。于是，使用计算机制作动画节省了大量制作成本，缩短了制作周期。

3. 计算机动画的技术分类

按照制作技术进行分类，计算机动画主要分为以下几种。

（1）逐帧动画。

逐帧绘制帧内容称为逐帧动画，由于是一帧一帧地制作，所以逐帧动画具有非常大的灵活性，几乎可以表现任何想表现的内容，但与此同时，由于每帧画面都要单独制作，制作负担大，最终输出的文件数据量也大。

（2）补间动画。

与逐帧动画不同的是，制作动画时，无须定义动画过程的每一帧，只需要定义动画的开始与结束这两个关键帧，并指定动画变化的时间和方式等，两个关键帧中间由计算机自动计算而得到中间的画面，称为补间动画。

补间动画是计算机动画非常重要的表现手段，一般分为动作补间动画与形状补间动画两类。动作补间动画是物体由一个状态变到另一个状态，例如位置移动、转动等变化；而形状补间动画是由一个物体变到另一个物体，例如一个圆形渐变到正方形，字母 A 渐变为字母 B 等。

制作补间动画时，一套动作中的关键动作也称关键帧，决定动作趋势走向、幅度、节奏、镜头运动的方式、特效处理等一系列和动画制作相关联的事项。过渡帧也称补间帧，则是两个关键帧之间的中间状态，一般由计算机自动生成，以形成平滑的动画效果。

元件是构成补间动画最基本的要素。动画制作时需要重复使用的素材，就可以把它创建为元件。元件只需创建一次，然后即可在整个文档或其他文档中重复使用。元件有3 种形式，即图形、影片剪辑、按钮。

（3）骨骼动画。

骨骼动画是计算机动画中的一种技术，是将角色分为两个部分，用于绘制角色的表面表示（称为网格或蒙皮）和一组互连的部分骨骼，并共同形成骨骼或装备。

这是一种用于对网格进行动画处理（姿势和关键帧）的虚拟骨架。此技术通常用于给人类和其他有机人物制作动画，使动画过程更直观，并且可以使用相同的技术来控制任何物体的变形。在骨骼动画中，网格也称为皮肤，骨骼之间的连接处称作关节，骨骼可以绕着关节旋转。

4.2.3　主流的动画媒体形式

在多媒体技术中，根据具体的应用需求和场景，通常会选择最适合的动画媒体形式来实现最佳的效果。其中，GIF 动画、MG 动画和 H5 动画是几种常见的媒体形式，因其具有不同特点而应用在不同的领域，简要介绍如图 4-9 所示。

图 4-9　主流动画媒体的应用领域

1. GIF 动画

GIF 动画是一种通过逐帧制作或逐帧拍摄的方法，让多幅 GIF 图片按一定规律快速、连续播放的动态画面。GIF 支持透明背景，可以创建各种有趣的效果，如半透明、闪烁等。GIF 动画文件通常较小，易于在网络上传输和分享。

GIF 动画有广泛的应用。首先，GIF 动画可以用于网页设计中的各种动态效果，如按钮的悬停效果、加载图标、轮播图等。其次，在社交媒体平台上，GIF 动画经常被用作表情符号或贴纸，以表达用户的情感和态度。在数字营销中，GIF 动画可以用于制作广告横幅、电子邮件营销中的动态图片或视频等。另外，GIF 动画还可以作为一种独立的艺术形式存在，用来创作各种有趣、富有创意的作品，如动态插画、短片等，如图 4-10所示。

图 4-10　常见的 GIF 动画示例

2. MG 动画

MG 动画，英文全称为 Motion Graphics，即动态图形或图形动画。它通常指视频设计、多媒体 CG 设计、电视包装等领域中随时间流动而改变形态的图形。简单来说，动态图形可以解释为会动的图形设计，是影像艺术的一种。

MG 动画融合了平面设计、动画设计和电影语言等多种表现形式，具有极强的包容性，可以与各种艺术风格混搭。其主要应用领域包括节目频道包装、电影电视片头、商业广告、MV、现场舞台屏幕以及互动装置等，如图 4-11 所示。

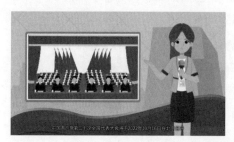

图 4-11　常见的 MG 动画示例

3. H5 动画

H5 动画，即基于 HTML5 技术制作的动画效果，近年来在互联网和移动应用领域得到了广泛应用。HTML5 是一种开放的网络标准，支持跨平台使用，为动画的制作和传播提供了极大的便利。

H5 动画以生动的形式和强大的交互性被广泛应用于广告营销，提升用户体验和吸引用户注意力；也被用于制作教育、培训课件，使知识更加生动形象，还可以制作移动应用的启动页和特效，如图 4-12 所示。另外，H5 动画还可以制作游戏的角色特效和场景，在网页设计中制作页面切换、按钮单击效果等，提升用户浏览网页的体验。此外，H5 动画在数据可视化、虚拟现实、交互艺术等领域也展现出强大的应用潜力。

图 4-12 常见的 H5 动画示例

4.2.4 动画制作软件

从展现技术来看,目前的动画制作分为二维动画和三维动画两大类。主流的动画制作软件有以下产品。

1. Adobe Animate

Adobe Animate 是一款二维动画制作软件,它是 Adobe Flash 被淘汰后的升级产品。它除了支持最新 HTML5 内容生成制作以外,还保留了 Flash 动画制作功能。使用 Animate 不仅可以轻松地创建逐帧动画,而且可以方便地创建补间动画。它结合了动画创作和应用程序开发两种功能,专业性和综合性较强。

本章大部分实验使用 Adobe Animate 2023 作为工具软件,它的"基本"工作区主界面如图 4-13 所示。

2. Adobe After Effects

Adobe After Effects 是一款功能非常强大的动画制作和视频剪辑软件,广泛应用于电影、电视、广告等领域。它支持传统的帧动画和骨骼动画制作,具有简单易用的时间轴编辑模式和各种动画效果,让用户可以随心所欲地调整场景元素,进行更精细化的控制,如图 4-14 所示。

3. 万彩动画大师

万彩动画大师是一款国产的二维动画制作软件,因操作简便、功能丰富而受到许多动画新手的喜爱。它提供了视频模板、动画角色、背景、图文等各种资源,可以通过拖曳

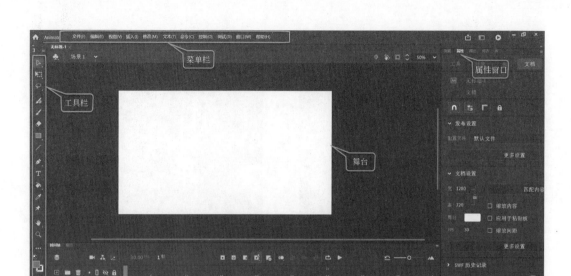

图 4-13　Animate 的"基本"工作区

图 4-14　After Effects 的"默认"工作区

的方式进行场景和人物的排版，如图 4-15 所示。

4. Maya

Maya 是 Autodesk 公司的一款 3D 建模和动画软件，功能非常强大，可以制作高质量的 3D 动画效果。它具有良好的扩展性，用户可以根据需要安装各种插件来增强其功能。但是，Maya 的界面较为复杂，初学者需要花费较长的时间来学习和掌握。

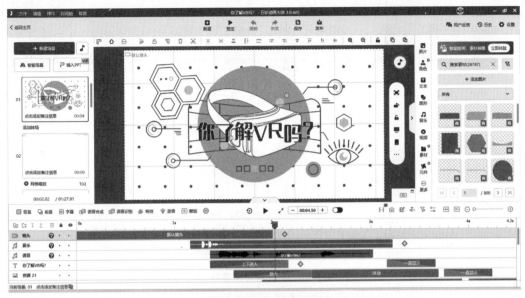

图 4-15 万彩动画大师

5. C4D

Cinema 4D(C4D)是 Maxon 公司推出的一款 3D 建模和动画软件,被广泛应用于电影、电视、广告等领域。它的功能非常强大,可以实现高质量的 3D 动画效果,且界面较为简洁,对于动画初学者来说比较容易上手。

6. Blender

Blender 是一款免费的开源 3D 建模和动画软件,功能也非常强大。它具有良好的兼容性,可以与其他软件如 Photoshop、Illustrator 等无缝对接。但是,Blender 的学习操作较为复杂,对于动画初学者不是很友好,需要花费一定的时间来学习和掌握。

4.3 动画设计与制作实验

实验 4-1: GIF 动态表情

实验 4-1

1) 实验要求

在"实验 4-1"素材文件夹中任意选择一组图像序列,三组素材图像序列如图 4-16 所示,制作一个 240×240 像素的 GIF 动态表情。

2) 实验目的

理解动画的基本原理;学习制作 GIF 动画的基本方法。

3) 预备知识

逐帧动画,需要将动画的每一帧设置为关键帧,通过每一个关键帧画面内容的变化

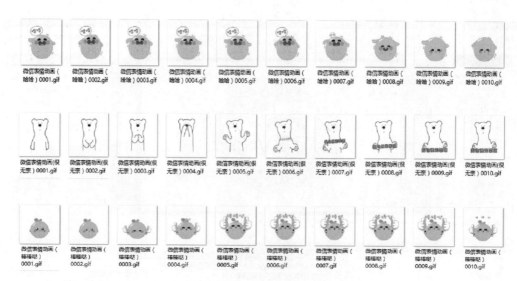

图 4-16　3 组素材图像序列

而产生动画效果。逐帧动画是 Animate 制作的最基本动画形式。

　　4）实验步骤

　　步骤 1：启动 Animate，依次选择菜单栏中的"文件"→"新建"选项，打开图 4-17 所示的"新建文档"窗口。选择"社交"分类下的其中一种预设，并在"新建文档"窗口右侧的"详细信息"中设置动画的宽高像素为 240、帧速率默认为 30，平台类型为"ActionScript 3.0"。单击"创建"按钮。

图 4-17　Animate 的"新建文档"窗口

　　注：Animate 新建动画时，将动画按照用途和类型划分了多种分类。"角色动画"分类通常用于创建以角色为中心的动画项目，如卡通角色、人物动画等。"社交"分类与社交媒体或网络上的交互内容相关，如用于制作 GIF 动画、表情符号、广告横幅等社交媒体

上常见的动态内容。"游戏"分类针对的是游戏开发,包含一些与游戏制作相关的预设和工具,如用于创建游戏角色动画、场景、交互元素等。"教育"分类用于制作教学动画或演示文稿,"广告"分类则包含用于制作网络广告或电视广告的预设和工具。这些分类并不是严格固定的,我们可以选择与项目需求最接近的分类,并在创建文档后根据需要手动调整画布大小、帧速率、平台类型等参数,以满足实际要求。

步骤 2:打开"窗口"→"工作区",将当前 Animate 的工作区设置为"基本"。"无标题-1"动画的空白"场景 1"已经打开,如图 4-18 所示。通过编辑区右上方的"舞台居中""显示比例"等选项可以调整舞台位置及大小。

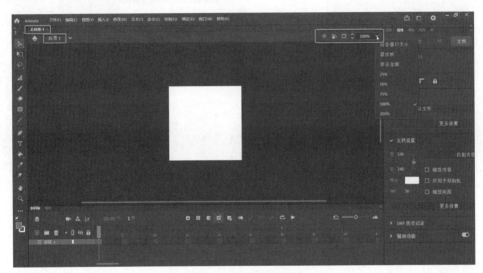

图 4-18　打开新建文档

步骤 3:依次选择菜单栏中的"文件"→"导入"→"导入到库",将一组素材图像导入到"库",在右侧的"库"面板中已经有导入的素材及缩略图,如图 4-19 所示。

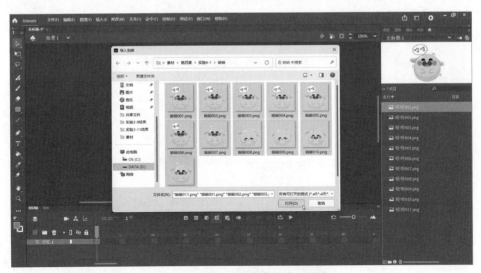

图 4-19　将一组图像素材导入到库

步骤4：利用一组图像序列制作逐帧动画，每一帧图像都是一个关键帧。在"库"面板中右击第一个素材，在弹出的下拉菜单中选择"复制"，而后右击舞台，在弹出的快捷菜单中选择"粘贴到中心位置"，具体操作如图4-20所示。

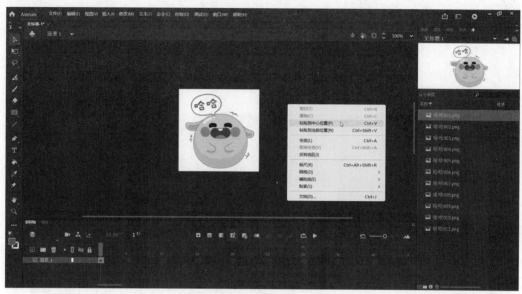

图4-20　编辑第一个关键帧

步骤5：在"时间轴"上右击第2帧，在弹出的快捷菜单中选择"插入空白关键帧"，如图4-21所示。而后在"库"面板中选择第2幅图像素材，将其粘贴到中心位置。关键帧在时间轴上标记为实心的圆点，而空白关键帧在时间轴上表示为空心的圆点，它不包含任何对象或内容。当需要在动画的某个时刻插入一个新的元素或状态，但前一个关键帧的内容不再需要时，可以使用空白关键帧。

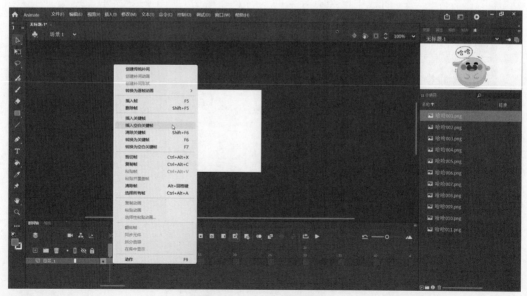

图4-21　插入空白关键帧

步骤 6：以此类推，在时间轴上完成后续关键帧的制作。单击时间轴上方按钮组中的"循环"按钮，并调整循环区间并单击"播放"按钮，即可循环预览动画效果。具体操作如图 4-22 所示。

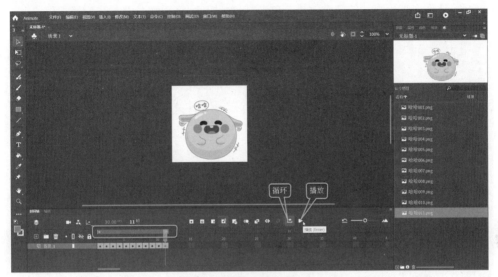

图 4-22　播放动画查看效果

步骤 7：依次单击菜单栏中的"文件"→"保存"，可以将文件保存为 fla 格式。Animate(之前被称为 Flash Professional)将文件保存为默认的 fla 格式，这种文件保存了在 Animate 中创建动画所需的所有原始数据和设置，允许用户以后重新打开并编辑文件，而不会丢失原始数据或降低质量。共享或发布动画时，通常会将 fla 文件导出为其他格式，如 swf(用于 Web 浏览器播放的 Flash 动画)、gif 或 mp4(用于更广泛的兼容性和播放)。本实验选择导出为动画 GIF，如图 4-23 所示。

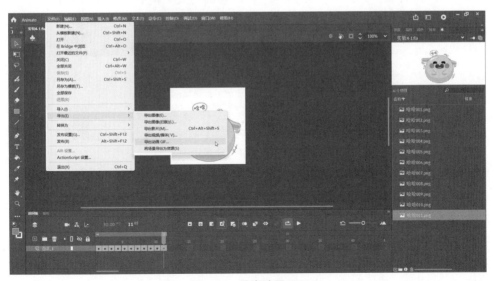

图 4-23　导出动画 GIF

步骤8：导出动画 GIF 时，为提高动画的性能和加载速度，可以采用多种方式优化最终作品。例如，在图 4-24 所示的预设窗口中勾选"透明度"，使导出的 GIF 图像支持透明背景，这样，当 GIF 图像放置在其他背景上或与其他元素叠加时，透明部分将显示为背景色或下层元素的颜色，从而实现更自然的视觉效果。单击"保存"按钮，将动画 GIF 导出到所需位置。

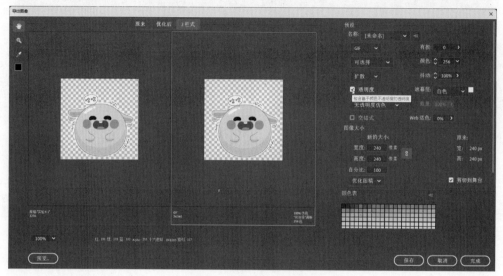

图 4-24　导出优化动画

实验 4-2

实验 4-2: 动态广告条

1）实验要求

使用素材文件夹"实验 4-2"中的一组图像，制作一个学校网站动态 Banner（注：图像大小为 970×90 像素）。导出为动画 GIF 格式，动画的关键帧如图 4-25 所示。

图 4-25　实验 4-2 结果示例

2）实验目的

学习并巩固制作 GIF 动画的基本方法；学习图层的编辑及合成。

3）预备知识

动态广告条也称动态 Banner，即一种具有动态效果的横幅广告或宣传条幅，在网站上的表现形式通常为轮播图，由多张图像组成一套动态 Banner 图，一般展示在首页或内容详情页，引导用户阅读更多内容。

4）实验步骤

步骤 1：在 Animate 中依次选择菜单栏中的"文件"→"新建"选项，在"新建文档"窗口中选择"广告"类别下的"大告示牌"预设，如图 4-26 所示，单击"确定"按钮。

图 4-26　新建文档

步骤 2：本实验要呈现背景图像轮播、文字层相对独立静止的效果。打开时间轴上图层 1 的首帧，将第一幅背景素材粘贴到中心位置。而后在第 10 帧、20 帧分别右击，在弹出的快捷菜单中选择"插入空白关键帧"，将第二幅和第三幅背景素材粘贴到中心位置。最后，在第 30 帧处右击，在弹出的快捷菜单中选择"插入关键帧"。具体操作如图 4-27 所示。此时，播放当前动画会呈现轮播效果，每幅背景图像停留两个关键帧之间的时长。

图 4-27　背景图像轮播动画

步骤3：在时间轴的左上方单击"新建图层"按钮，使用工具箱中的"文本"工具在新建的"图层_2"首帧添加文字，并在编辑区右侧的"属性"窗口中编辑文字属性，具体操作如图4-28所示。

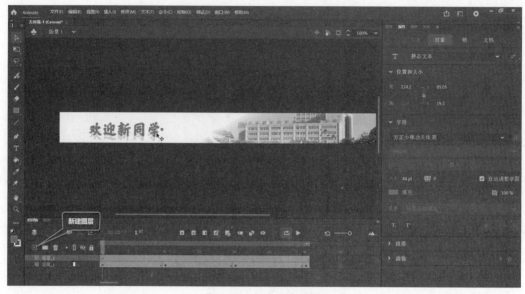

图4-28　新建文字图层

步骤4：单击"循环"和"播放"预览动画效果。通过调整动画文档的帧频可以改变背景轮播的速度，如图4-29所示。将FPS从30调整为10，动画播放速度就整体慢下来了。另外，还可以通过在时间轴上的关键帧之间"插入帧"来延长画面停留的时长。最后，将作品导出为动画GIF格式。

图4-29　改变FPS

实验 4-3: 落叶飘飞

1) 实验要求

使用素材图像"实验 4-3.png",制作一个三片落叶飘飞的动画视频短片。动画导出为 QuickTime 编码(注：QuickTime 编码后的文件通常以 mov 为扩展名保存,这是一种广泛使用的多媒体文件格式),帧宽度为 1920 像素,帧高度为 1080 像素。实验结果的示例如图 4-30 所示。

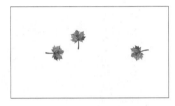 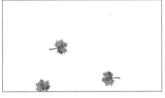 

图 4-30　实验 4-3 结果示例

2) 实验目的

学习补间动画的制作方法;理解"一动画,一图层"的制作理念。

3) 预备知识

在动画制作中,"补间"是一种重要的技术,它是指在两个关键帧之间插入一个或多个中间帧,以实现平滑的过渡效果。Animate 支持插入 3 种补间：传统补间、补间动画以及另一种用于不同形状之间演化的形状补间,如图 4-31 所示。

图 4-31　Animate 的 3 种补间

元件是补间动画和传统补间的最基本要素。元件可以理解为补间动画的原始素材,它被存放在"库"面板中。元件有 3 种形式,即图形、影片剪辑、按钮。元件只需创建一次,即可重复使用。

① 图形元件：是可以重复使用的静态图像,它是作为一个基本图形来使用的,一般是一幅静止的图画,每个图形元件占 1 帧。

② 影片剪辑元件：可以理解为电影中的小电影,可以完全独立于场景时间轴,并且可以重复播放。影片剪辑是一小段动画,用在需要有动作的物体上,它在主场景的时间轴上只占 1 帧,就可以包含所需要的动画,影片剪辑就是动画中的动画。"影片剪辑"必须要进入影片测试里才能观看得到。

③ 按钮元件：实际上是一个只有 4 帧的影片剪辑,但它的时间轴不能播放,只是根据鼠标指针的动作做出简单的响应,并转到相应的帧,通过给舞台上的按钮添加动作语句可以实现动画影片强大的交互性。

4)实验步骤

步骤 1:在 Animate 中依次选择菜单栏中的"文件"→"新建"选项,在"新建文档"窗口中选择"角色动画"类别下的"全高清"预设,舞台大小设为 1920×1080 像素,帧速率默认为30.00。将场景 1 的舞台显示为合适大小,并将素材图像导入库,具体操作如图 4-32 所示。

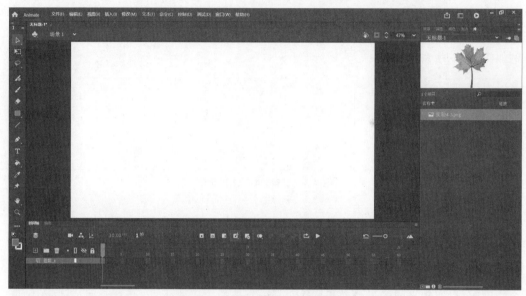

图 4-32 新建文档并导入素材到库

步骤 2:在动画的制作过程中,需要遵循"一动画,一图层"的原则。每个元件需要独占一个图层,完成其补间动画的制作。在时间轴的"图层_1"上制作第 1 片落叶的动画。将素材图像拖动到舞台上,右击该图像,在弹出的快捷菜单中可以选择"任意变形"及旋转等效果,将其放置在合适位置,具体操作如图 4-33 所示。

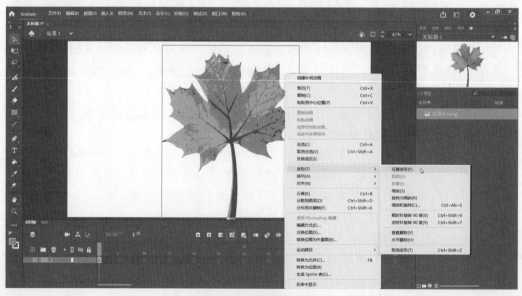

图 4-33 编辑图像对象

　　右击该图像,在弹出的下拉菜单中选择"转换为元件",单击"确定"按钮后,"库"面板中出现刚刚新建的元件,它可以用于制作补间动画,如图 4-34 所示。

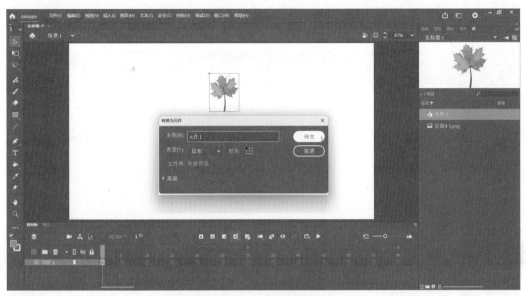

图 4-34　将图像转换为元件

　　步骤 3:单击当前图层的起始关键帧,在时间轴上方的控制按钮组中选择"插入补间动画",如图 4-35 所示,第 1 个关键帧后面补出了许多帧,这些帧都是补间帧。如果帧数不够,还可以通过"插入帧"的按钮增加帧的数量,延长动画时长。在时间轴上单击任意中间帧,并选择叶子元件,就可以改变它的大小、位置、颜色等属性,增加的中间帧越多,对补间动画的引导越细致。

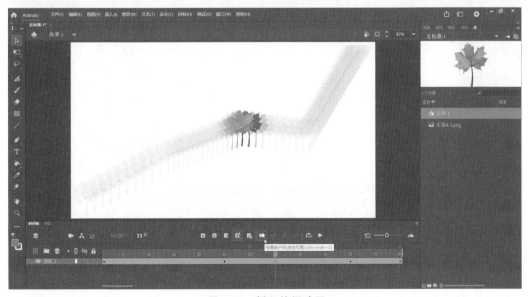

图 4-35　插入补间动画

步骤 4：单击一个任意补间帧，在"工具栏"中使用"选择工具"，可以调整直线路径，修改为平滑一些的曲线路径。在"属性"面板中，可以对补间设置"缓动"和"旋转"等参数，使叶子下落的形态更逼真。打开"绘图纸外观"，可以看到每一帧动态变化的过程，如图 4-36 所示。

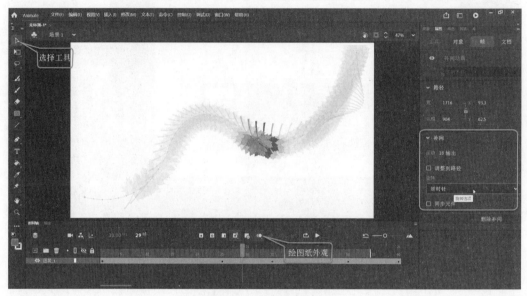

图 4-36 编辑补间帧

步骤 5：在时间轴上单击"新建图层"按钮，在"图层_2"和"图层_3"上分别重复步骤 3 和步骤 4，制作另外两片落叶的补间动画，如图 4-37 所示。

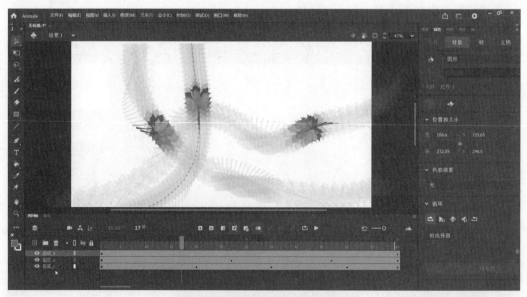

图 4-37 新建图层制作补间动画

步骤 6：依次选择菜单栏中的"文件"→"导出"→"导出视频/媒体"选项，如图 4-38 所

示。在图 4-39 所示的"导出媒体"窗口中选择格式 QuickTime,将制作的动画导出为 mov
格式的视频文件。

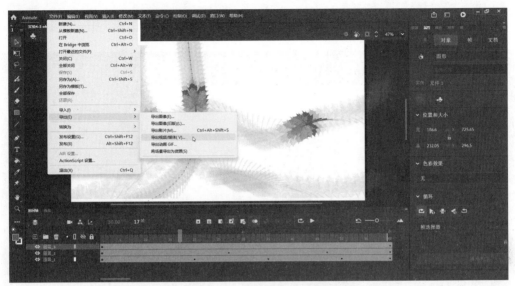

图 4-38 导出视频/媒体

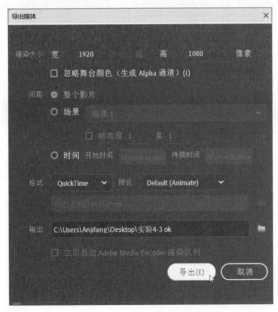

图 4-39 "导出媒体"窗口

实验 4-4: 风车转动

1) 实验要求

使用素材"实验 4-4.fla",制作风车转动的 GIF 动画。

实验 4-4

2）实验目的

加深理解动画元件和补间动画。

3）实验步骤

步骤1：在 Animate 中打开素材"实验 4-4.fla"，如图 4-40 所示。

图 4-40 打开素材文件

步骤2：打开时间轴"风车"图层的第1帧，在舞台上右击风车，在弹出的下拉菜单中选择"转换为元件"，将需要制作旋转动画的"风车"对象转换为图形元件，如图 4-41 所示。

图 4-41 将对象转换为元件

步骤3：单击"风车"图层的第1帧，在控制按钮组中选择"插入补间动画"，将时间轴中的补间时长延长到 60 帧。任意选择一个补间帧,并在右侧"帧"面板中设置补间的"旋转"属性为"顺时针",如图 4-42 所示。

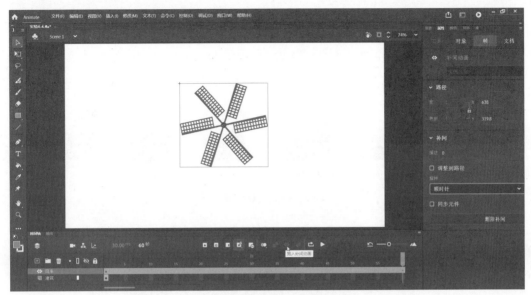

图 4-42 插入补间动画

步骤 4:单击"建筑"图层的第 60 帧,在控制按钮组中选择"插入帧",使"建筑"图层的第 1 帧画面一直静态延续到第 60 帧,如图 4-43 所示。

图 4-43 插入帧

步骤 5:播放动画查看效果。最后,依次选择菜单栏中的"文件"→"导出"→"导出动画 GIF"选项,导出为 gif 格式动画。

实验 4-5

实验 4-5: 蝴蝶飞舞

1）实验要求

利用素材文件夹"实验 4-5"中的素材，其中蝴蝶展翅的图像序列如图 4-44 所示，实现两只蝴蝶各自拍着翅膀在花丛中自由飞舞的 SWF 格式动画影片（大小：800×500 像素）。实验结果如图 4-45 所示。

A1.png   A2.png   A3.png   A4.png   A5.png   A6.png

图 4-44　蝴蝶展翅图像序列

图 4-45　实验 4-5 结果示例

2）实验目的

学习影片剪辑元件的制作方法；理解元件的复用；学习补间动画的综合使用；了解 SWF 格式影片的应用趋势。

3）预备知识

蝴蝶展翅的动作可以通过创建一个逐帧动画效果的"影片剪辑元件"来实现。蝴蝶飞舞的动画可以通过元件的补间动画来实现。

4）实验步骤

步骤 1：在 Animate 中新建一个宽为 800 像素、高为 500 像素的文档。依次选择菜单栏中的"文件"→"导入"→"导入到舞台"选项，将"花丛.jpg"导入场景 1 的舞台中央，具体操作如图 4-46 所示。

步骤 2：双击时间轴上的"图层_1"名称，修改图层名称为"背景"。选择第 120 帧的位置，单击控制按钮组中的"插入帧"，背景图像会在舞台上一直静态延续 120 帧，对于这

图 4-46　将背景图像导入舞台

个 FPS 为 30 的动画,播放一遍时长即为 4s,具体操作如图 4-47 所示。

图 4-47　调整动画时长

　　步骤 3:依次选择菜单栏中的"文件"→"导入"→"导入到库"选项,将蝴蝶展翅的图像序列导入到库,在"库"面板中右击,在弹出的快捷菜中选择"新建元件",新建一个影片剪辑元件,用于表现蝴蝶展翅的动画,如图 4-48 所示。

　　步骤 4:此时,已从"场景 1"转到"蝴蝶影片剪辑元件"的编辑状态。在"库"中选择第 1 幅图像,将其粘贴到时间轴上第 1 帧的中心位置,在第 2 帧选择"插入空白关键帧",并将第 2 幅图像粘贴到此帧的中心位置,以此类推,使用库中的图像序列制作出蝴蝶展翅

图 4-48　新建影片剪辑元件

的逐帧动画元件，具体操作如图 4-49 所示。

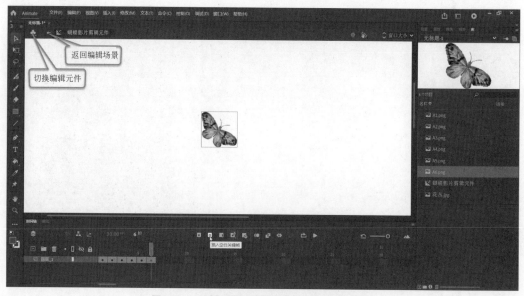

图 4-49　编辑逐帧动画形式的影片剪辑元件

步骤 5：单击编辑区左上角的返回场景按钮，回到场景 1 的编辑状态。在时间轴上新建"图层_2"，并在"库"中选择已制作好的"蝴蝶影片剪辑元件"，将其放到第 1 帧舞台的适当位置，即为蝴蝶飞舞动画的第 1 个关键帧。选择这只蝴蝶，可以在"修改"菜单中选择变形工具，对其进行旋转及缩放，具体操作如图 4-50 所示。

步骤 6：在时间轴上单击"图层_2"的第 1 帧，选择控制按钮组中的"插入补间动画"，在图层_2 上补间出了动画时长的补间帧。在补间帧中选取几个关键时间点，调整蝴蝶元

图 4-50 使用元件

件的位置及大小等属性,使蝴蝶沿着运动轨迹自由飞舞。另外,使用工具栏中的"选择工具"可以对运动路径进行平滑弯曲调整,具体操作如图 4-51 所示。

图 4-51 制作补间动画

步骤 7:在时间轴上新建"图层_3",使用"蝴蝶影片剪辑元件",并制作另一只蝴蝶展翅飞舞的补间动画,如图 4-52 所示。

步骤 8:在时间轴单击"播放"按钮,播放动画,能够看到补间动画的运动,但无法看到影片剪辑元件自身的动画效果。Animate 提供了"控制"→"测试"的方式模拟动画发布后的实际播放环境,从而更准确地查看动画的完整效果,图 4-53 启动了一个 SWF 播放

图 4-52　复用元件制作补间动画

器播放动画效果。SWF 动画是一种基于矢量的交互式多媒体技术，文件包含了 Flash 动画的所有元素和时间轴信息，一直是 Flash 动画的标准文件格式。为了播放 SWF 动画，需要安装 Flash Player 插件。

图 4-53　测试 SWF 动画

步骤 9：依次选择菜单栏中的"文件"→"导出"→"导出影片"选项，将动画导出为"SWF 影片"格式。这里需要说明一下，SWF 格式的动画影片可以在支持 Flash Player 的浏览器或播放器中播放，但是，随着 Web 技术的发展和 HTML5 标准的推广，Flash 动画的使用逐渐减少，许多浏览器和播放器逐渐停止对 Flash Player 的支持。

实验 4-6: 角色动画

1) 实验要求

利用素材背景音乐及 Animate 自带的资源素材创作一段图 4-54 所示的行走角色动画。导出动画为 mp4 视频格式。

图 4-54 实验 4-6 动画视频截图

2) 实验目的

了解骨骼绑定的角色动画的基本制作方法；学习在动画中添加声音的方法。

3) 预备知识

骨骼动画与角色绑定是相互关联的技术，它们共同构成了角色动画系统。通过合理的角色绑定和精细的骨骼动画调整，可以创建出栩栩如生、动作自然的角色动画。

骨骼动画是基于骨骼系统的动画技术。在骨骼动画中，动画师通过调整骨骼的位置和旋转角度来定义角色的动作和姿势。这些调整可以逐帧进行，也可以通过设置关键帧和插值来自动生成中间帧。骨骼动画的优点在于可以实现非常自然和流畅的动作，还可以通过复用相同的骨骼系统快速创建多个具有相似动作的角色。

角色绑定是将角色的骨骼系统与模型表面进行连接的过程。骨骼系统是由一系列相互连接的骨骼组成的框架，用于控制角色的动作和姿势。通过角色绑定，可以将骨骼系统与模型表面关联起来，使骨骼的运动能够驱动模型表面的变形，从而实现动画效果。

Animate 2023 版本提供了一些背景、道具、对象、操纵（骨骼操纵动画）等资源，本实验主要利用这些自带素材来完成，以使读者理解和制作角色动画。

4) 实验步骤

步骤 1：依次选择菜单栏中的"文件"→"新建"选项，在"新建文档"窗口中选择"角色动画"类别的"高清"预设，如图 4-55 所示。

步骤 2：在右侧"资源"面板的"静态"资源中找到名为"tree_spring"的场景图像，将其拖动到场景 1 的舞台上，并放置在居中位置，单击第 90 帧，在控制按钮组中选择"插入帧"，使场景图像静态延续 3s 时长，具体操作如图 4-56 所示。

图 4-55　新建角色动画文档

图 4-56　添加动画场景

步骤 3：单击时间轴第 1 帧，在右侧"资源"面板的"静态"资源中找到名为"Farmer Green_Side"的角色图像，将其拖放到舞台的适当位置，并使用工具栏中的"任意变形工具"对其进行缩放，具体操作如图 4-57 所示。

步骤 4：此时的角色是静态对象，要实现行走的姿势，角色的各个部位都应有联动动作，我们用骨骼绑定的方法来实现。双击角色，当前角色元件编辑窗口中的角色各部分是被拆分控制的，如图 4-58 所示。

步骤 5：在右侧"资源"面板的"动画"资源中找到"Farmer Green Walk_Side"骨骼动

图 4-57　添加角色

图 4-58　编辑角色元件

画,将其拖动到当前角色上方,完成骨骼动画与角色的绑定,如图 4-59 所示。在当前角色元件的时间轴上,可以根据需要调整每个姿势的身体部位,还可以在时间轴上插入新的姿势等,为角色添加更丰富的动作。

步骤 6:单击编辑区左上角的"场景 1",返回场景 1,在动画角色的第 1 帧"插入补间动画",并调整第 90 帧时元件的位置,制作完成角色的行走补间动画,具体操作如图 4-60 所示。

步骤 7:依次选择菜单栏中的"文件"→"导入"→"导入到库"选项,将素材"实验 4-6

图 4-59　骨骼动画与角色绑定

图 4-60　插入角色的补间动画

bg-music.wav"导入到库。在时间轴上新建图层,并修改图层名称为"音乐",选择"音乐"图层的"属性"面板,将"声音"的"名称"选为所需的声音文件,并将声音的同步方式设置为"数据流"。具体操作如图 4-61 所示。

　　步骤 8：依次选择菜单栏中的"控制"→"测试影片"→"在 Animate 中"选项,可以预览动画效果。最后,依次选择菜单栏中的"文件"→"导出"→"导出视频/媒体"选项,在如图 4-62 所示的"导出媒体"窗口中,选择"H.264"格式对视频进行编码,从而最终导出为mp4 格式的视频动画文件(注：Animate 会启动 Adobe Media Encoder 来进行编码封装,

图 4-61　导入并添加背景音乐

如未安装 Media Encoder，则需使用其他转码工具处理）。

图 4-62　将动画导出为 mp4 视频格式

实验 4-7: MG 动画

实验 4-7

1）实验要求

利用所学知识，选取适当的工具制作一个自选主题的 MG 动画。需包含场景、角色动画、文字动画及音乐或旁白语音，作品导出为 mp4 格式。

2）实验目的

扩展学习主流的 MG 制作工具，选择适当的工具制作 MG 作品。

3）预备知识

4.2.4 节中介绍的万彩动画大师是一款易上手的 MG 动画视频制作软件，涵盖教育培训、科普讲解、公司宣传、产品推广等实用场景，适用于制作企业宣传动画、动画广告、营销动画等。在它的官方网站 https://www.animiz.cn/可以下载到最新免费版本，该官网还提供了一个在线动画制作产品"秀展网"，支持在线制作 MG 动画。

本实验选择万彩动画大师完成表 4-1 所示的 3 个简单场景的课程宣传短片。

表 4-1　实验 4-7 短片脚本

时　　间	场　　景	旁白与背景音乐
00:00—00:11	场景 1：多种媒体元素融入现代生活	轻柔的背景音乐，旁白："生活中随处可见音频、图像、动画、视频这些多媒体的基本要素，它们丰富多彩的表象掩盖了其 0 与 1 的数字化本质。"
00:11—00:19	场景 2：教室场景下女老师正在讲课	旁白："让我们使用多媒体软件工具，揭开它们的神秘面纱，用多媒体技术轻松改变它们的模样。"
00:19—00:35	场景 3：出现"多媒体技术与应用"文字	旁白："多媒体技术与应用课程，整装待发。"

4）实验步骤

步骤 1：启动"万彩动画大师"的主界面如图 4-63，产品提供了丰富的模板、微课案例及动画资源。

图 4-63　万彩动画大师主界面

步骤 2：单击主界面左上方的"新建工程"，可以打开图 4-64 所示的"新建工程"窗口。

图 4-64　新建工程

步骤 3：继续单击当前窗口中的"新建工程"选项，打开如图 4-65 所示的空白动画工程。如果选择了图 4-64 窗口中的一种工程情景模板，则里面包含多个已经创建好的动画场景。

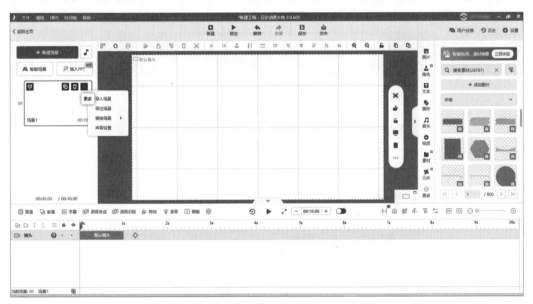

图 4-65　打开空白工程

步骤 4：首先编辑场景 1。单击场景 1 右上角的"更多"选项，用官方场景替换当前的空白场景。例如，本实验选择了官方场景下的"在线场景"→"动态场景"→"多媒体"，如图 4-66 所示。在主界面下方的时间轴上添加"多媒体"场景中包含的所有组件，每一图层的组件已定义默认的"进场效果""强调效果""退场效果"等，可以根据需要修改。

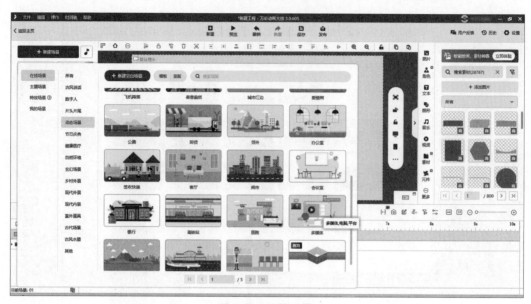

图 4-66　编辑场景

步骤 5：万彩动画大师提供了"录音"功能录制旁白语音，如图 4-67 所示。也可以选择"语音生成"功能完成文字直接生成语音能。

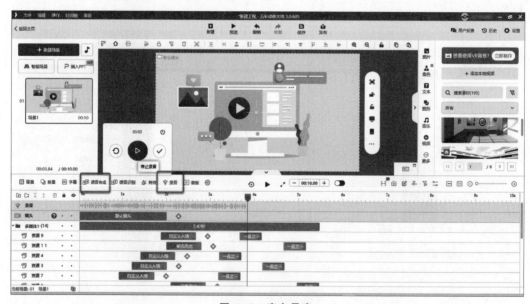

图 4-67　旁白录音

步骤 6：将播放指示器停留在需要添加组件的位置。在右侧"视频"窗口中选择适当的视频素材，双击即可将其添加到时间轴上播放指示器所在位置，如图 4-68 所示，在该组件的图层上双击默认进场效果，将其修改为"MG 放大进场"，退场效果默认为"一直显示"。

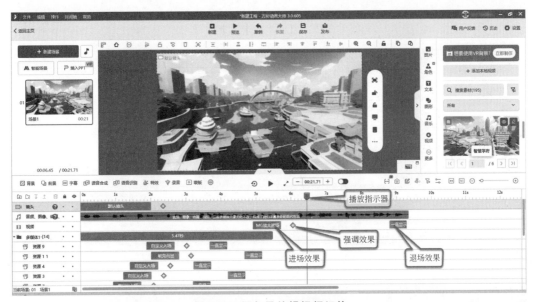

图 4-68 添加及编辑视频组件

步骤 7：本实验新建了场景 2，并添加了一个"短发女老师"的角色，如图 4-69 所示。在时间轴上"短发女老师"的所在图层可以修改其进场、强调及退场效果，并可以添加角色的其他动作，丰富角色的动画构成。

图 4-69 添加及编辑角色组件

步骤 8：本实验新建了场景 3，并添加文本组件，修改其动画效果，如图 4-70 所示。

步骤 9：在右侧"音乐"窗口中选择适当的音乐素材，单击其右下角的"＋"号，将其设为整个短片的背景音乐，具体操作如图 4-71 所示。

步骤 10：单击上方菜单栏的"保存"按钮，可以将当前新建工程保存为 am 的格式。

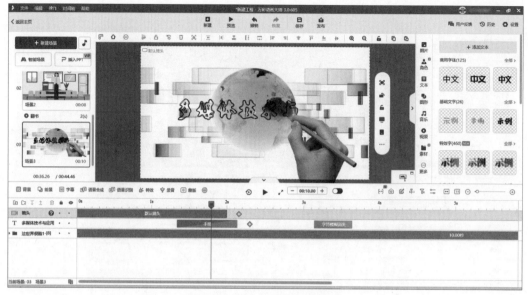

图 4-70　添加及编辑文本组件

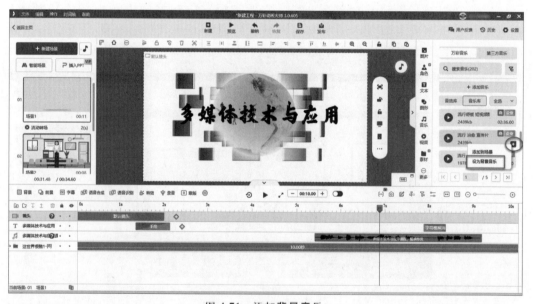

图 4-71　添加背景音乐

单击"发布"按钮，可以在如图 4-72 所示的"发布作品"窗口中选择所需格式及清晰度等选项，完成作品的导出及发布。

实验 4-8

实验 4-8: H5 动画

1）实验要求

了解 H5 动画制作基本技术及制作工具，选择一个产品，创建一个 H5 作品。主题自

图 4-72 发布作品

拟,要求作品至少由封面页、内容页、尾页共 3 页构成。要求包含动画,添加背景音乐,保存并发布作品。实验结果示例如图 4-73 所示。

封面页 内容页 尾页

图 4-73 实验结果示例

2)实验目的

了解 H5 动画的相关知识,体验其发展趋势;掌握使用专用工具制作 H5 的基本方法。

3)实验步骤

步骤 1:在浏览器中打开"易企秀"网站(网址:http://www.eqxiu.com),完成注册及登录(注:"易企秀"是一家国内智能内容创意营销平台,它的在线 H5 自助制作工具可以使用户快速制作一个炫酷的 H5 场景，一键上线，自助开展 H5 营销，满足活动邀约、品牌展示、引流吸粉、数据管理、电商促销等营销需求。我们的实验选择通过这个产品了解目前 H5 主流在线制作工具的使用方法）。登录后的会员主页面如图 4-74 所示。

图 4-74　H5 在线制作工具"易企秀"

步骤 2：利用这个平台的"我的作品"栏目进行 H5 作品的创作，如图 4-75 所示。平台还提供了大量模板供用户使用。

图 4-75　"易企秀"作品创建页面

步骤 3：易企秀 H5 作品的编辑视图如图 4-76 所示，可以看到模板栏；工具栏；编辑区；页面管理（页面的添加、删除等）；图层管理；预览、保存及发布等丰富的编辑要素。帮助我们简单快捷地完成多个 H5 页面的制作和发布工作。本实验的具体内容可以自行尝试。

图 4-76　H5 编辑视图

4.4　习　　题

1. 单选题

（1）人的眼睛看到一幅画或者一个物体后，视神经的印象在（　　）s 以内不会消失。

　　　A. 1～4　　　　　　B. 0.1～0.4　　　　C. 0.01～0.04　　　D. 24

（2）1828 年，法国人保罗·罗盖的留影盘实验验证了视觉的（　　）特征。

　　　A. 视觉暂留　　　B. 视觉疲劳　　　　C. 视觉范围　　　　D. 双眼视差

（3）在常见的动画应用中，微信表情动画是（　　）形式的动画文件。

　　　A. Flash 动画　　B. 三维动画　　　　C. GIF 动画　　　　D. H5 动画

（4）一部片长为 2 小时的动画电影（FPS＝24），全片共有（　　）帧画面。

　　　A. 48　　　　　　B. 2880　　　　　　C. 86 400　　　　　D. 172 800

（5）以下（　　）不属于动画制作软件。

　　　A. AutoDesk Maya　　　　　　　　B. Adobe Animate

　　　C. Adobe Audition　　　　　　　　D. Adobe After Effects

（6）一帧一帧地绘制每帧的内容，这种动画的制作方法被称为（　　）。

　　　A. 补间动画　　　B. 二维动画　　　　C. 逐帧动画　　　D. 矢量动画

（7）在 Animate 的工作界面上，（　　）部分就像导演手中的剧本，可以在上面安排各个场景的切换以及演员的出场和表演的时间顺序。

　　　A. 场景　　　　　B. 库　　　　　　　C. 工具栏　　　　　D. 时间轴

（8）传统动画中的原画，是指动画里一套动作的起始和结束画面，在计算机动画制作中称它为（　　）。

　　　A. 帧　　　　　　B. 关键帧　　　　　C. 空白帧　　　　　D. 中间帧

（9）仅需建立起始和结束的画面，中间部分由计算机自动生成，省去了中间动画制作的复杂过程，这称为（　　）。

　　A. 补间动画　　　　B. 逐帧动画　　　　C. 三维动画　　　　D. 计算机动画

（10）制作动画时，需要重复使用的素材，可以把它创建为（　　）。

　　A. 关键帧　　　　B. 场景　　　　C. 元件　　　　D. 图形

2. 多选题

（1）动画的制作原则包括（　　）。

　　A. 动画由多个画面组成　　　　　　B. 画面之间必须存在差异

　　C. 画面表现的动作必须连续　　　　D. 后一个画面是前一个画面的延续

（2）目前主流的动画形式有（　　）。

　　A. GIF 动画　　　　　　　　　　　B. MG 动画

　　C. HTML5 动画　　　　　　　　　　D. 定格动画

（3）以下关于 MG 动画的描述，正确的是（　　）。

　　A. MG 即 Motion Graphics，即动态图形或图形动画

　　B. MG 动画一般用于非故事性的信息展示

　　C. MG 被广泛应用于广告、影视片头、公益推广等领域

　　D. MG 动画能够表现随时间流动而改变形态的图形

第 5 章

chapter 5

视频获取与处理

扩展实验（约3学时）
　　实验5-9：花瓣飘飞特效
　　实验5-10：动态文字特效
　　实验5-11：特效片头

进阶实验（约4学时）
　　实验5-5：效果处理
　　实验5-6：抠像与合成
　　实验5-7：音频视频MV
　　实验5-8：数字人口播视频

基础实验（约3.5学时）
　　实验5-1：非线性编辑
　　实验5-2：视频混剪
　　实验5-3：卡点视频
　　实验5-4：短视频制作

理论讲解（约1.5学时）
　　视频的基本概念
　　视频的数据量计算
　　常见视频文件格式

图 5-1　第 5 章内容结构图

本章学习目标：

- 理解视频的相关基本概念。
- 理解视频的基本参数。
- 了解视频数字化的常见硬件设备。
- 概括视频的数字化过程。

- 分析分辨率、帧速率及视频编码格式对视频数据量的影响。
- 理解音视频封装及常见封装格式。
- 理解视频编码与封装的对应关系。
- 应用主流工具进行视频编辑处理。
- 应用主流工具进行视频效果处理。
- 探讨 AI 技术对视频编辑与处理的影响。

5.1 视频的基础知识

5.1.1 基本概念

第 4 章讲过，将动态视觉信息放到计算机中，可以存储为动画和视频两种媒体形式。在多媒体技术中，通过实时摄取方式获得的连续动态的图像序列就称为视频（video）。把视频放入计算机中形成数字文件，即数字化视频。

视频的最基本单位是帧（frame）。当连续的图像变化每秒超过 24 帧时，根据视觉暂留原理，人眼无法辨别单幅的静态图像，看上去是平滑连续的视觉效果。视频整体的播放效果就由序列图像帧的清晰度和流畅度决定。

模拟视频是早期的视频技术，随着数字技术的不断发展，数字视频逐渐取代了模拟视频。数字视频是将模拟视频信号经过数字化处理转换成计算机能够处理的数字信号，从而可以在计算机上进行编辑、存储、传输和播放的视频形式。数字视频具有图像质量稳定、易于编辑和传输、可以长时间存储而不会出现质量损失等优点，已经成为现代多媒体技术的重要组成部分。

5.1.2 基本参数

视频的观看体验是由视频画面的清晰度、流畅度、播放设备及环境等多种因素共同决定的。视频是一种动态视觉媒体，右击图 5-2（a）所示的视频文件，可以查看其属性的详细信息，能够查看到图 5-2（b）所示的视频信息的基本参数，如时长、帧宽度、帧高度、数据速率和帧速率。

1. 分辨率

分辨率是决定视频质量和观看体验的重要参数，即图像包含的像素数量，它通常以水平像素数和垂直像素数的形式表示，如 1280×720 或 1920×1080。分辨率越高，视频图像显示的细节就越多，画质也就越清晰。一个视频的分辨率为 1280×720，就代表了这个视频的水平方向有 1280 个像素，垂直方向有 720 个像素。图 5-3 列出了常见视频分辨率的对比。

随着技术的发展，视频分辨率的数值越来越大，于是，产生了两种将视频分辨率按照约定俗成的方法进行缩略的命名规则。

(a)   (b)

图 5-2　视频及基本参数

图 5-3　不同视频分辨率的对比

第一种：垂直分辨率及扫描方式的缩略命名。例如 480p，480I，720P，720I，1080P，1080I。其中，前面的数字表示垂直像素数，后面的字母是扫描方式的缩写。逐行扫描（progressive scanning）缩写为 P，隔行扫描（interlaced scanning）缩写为 I。例如，图 5-3 中的 720P 就是指 1280×720 逐行扫描。达到 720P 以上的分辨率，是高清信号的准入门槛，因此，720P 标准也被称为高清（high definition，HD）标准。

传送数字图像时，将每幅图像分解成很多像素，按一个一个像素、一行一行的方式顺序传送或接收，就称为扫描。隔行扫描是将一帧图像分成两场（从上至下为一场）进行扫描，第一场先扫描 1、3、5 等奇数行，第二场再扫描 2、4、6 等偶数行，普通的电视机一般都采用隔行扫描。逐行扫描是将各扫描行按照次序扫描，即一行紧跟一行的扫描方式，计算机显示器都采用逐行扫描。随着数字电视技术的发展，隔行扫描方式逐渐被逐行扫描方式取代。

第二种：水平分辨率的缩略命名，水平像素数接近几千，就缩写为几 K。例如 2K（1920×1080）、8K（7680×4320），图 5-3 中的 4K 是由 4096×2160 分辨率缩略而来。

根据视频的像素数量,分辨率可以划分为以下等级。

(1) 标清(standard definition,SD):标清是视频清晰度的一个基础等级,其物理分辨率一般在480P左右。这种清晰度的视频一般应用在一些对画质要求不高的场合,如日常家庭观看、网络视频等。

(2) 高清(high definition,HD):高清视频的分辨率通常达到720P或1080I,其画面质量相较于标清有了显著提升。高清视频在现代电视、网络视频、蓝光碟等领域得到了广泛应用,能够为用户带来更加清晰、细腻的画面效果。

(3) 全高清(full high definition,FHD):全高清视频的分辨率一般为1080P,即1920×1080像素。这种清晰度的视频在蓝光碟、高端电视、高端显示器等领域得到了广泛应用,能够为用户带来更加逼真、生动的画面效果。

(4) 超高清(ultra high definition,UHD):超高清视频的分辨率通常达到4K或更高,其像素数量远超全高清。超高清视频在高端电视、电影院、高端显示器等领域得到了广泛应用,能够为用户带来更加细腻、逼真的画面效果,让用户具有身临其境的视觉体验。

随着技术的不断发展,视频清晰度的等级也在不断提升,如8K等高分辨率的视频格式为用户带来更加震撼、真实的视觉体验。

2. 画面宽高比

视频画面的宽高比也称为画面比例,是指视频画面的宽度和高度之比。它通常用数字表示,如4∶3、16∶9等。

不同的宽高比适合不同的场景和设备。例如,4∶3是一个比较老的宽高比,常用于CRT电视、老式电影、经典游戏等。然而,随着科技的进步和电影制作技术的发展,16∶9的宽屏比例逐渐成为主流,适用于大多数高清电视和电影院的银幕,也成为现代电影制作的主要选择。此外,宽高比为2.35∶1甚至更高的超宽屏则创造了更为宽阔的画面空间。对于一些特定的移动设备应用,为了更好地适应竖屏使用习惯,方便用户单手操作和观看,9∶16的垂直方向视频比例也非常受欢迎。

画面的宽度=水平像素数×像素的长度,画面的高度=垂直像素数×像素的宽度。而画面的基本构成单位是像素,像素长宽比是指像素的长度和宽度之比。当图像中的每一个像素不是方形像素时,即像素长宽比不等于1.0时,画面的宽高比就不等于水平像素数与垂直像素数之比了,即

$$画面宽高比 = \frac{画面的宽度}{画面的高度} = \frac{水平像素数 \times 像素的长度}{垂直像素数 \times 像素的宽度}$$

例如,图5-4中的两幅画面宽高比是一样的,但其中,上方画面的像素为正方形像素,而下方画面的像素则为矩形,两幅画面的分辨率不同,观看效果也是不同的。

在Adobe Premiere Pro(注:本章使用Adobe Premiere Pro 2023作为演示工具,以后简称PR)的时间线上新建序列时,如图5-5所示,当像素长宽比选择"方形像素(1.0)"时,1920×1080分辨率的画面宽高比为16∶9,但遇到一些特殊屏幕的显示需要时,如像素长宽比为"DVCPRO(1.5)"时,画面宽高比=1920×1.5/1080×1=8∶3,此时,画面宽

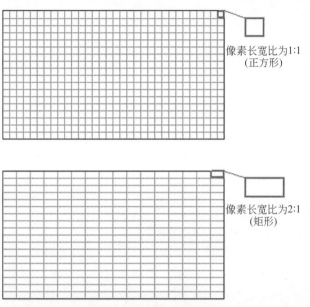

图 5-4　像素长宽比

高比就是 8 ∶ 3 了。因此,即使在帧大小相同的基础上选择不同的像素长宽比,最终的画面宽高比也会不同。

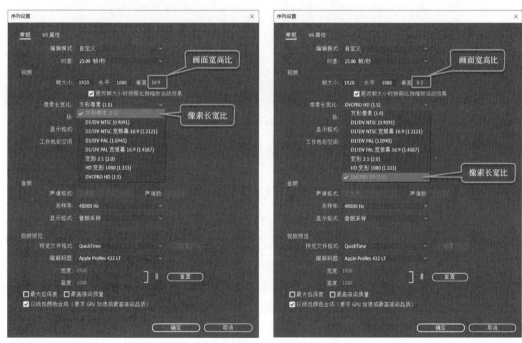

图 5-5　画面宽高比与像素长宽比的设置

　　如何选择像素长宽比,取决于数字视频将在什么样的终端显示。如果仅仅是在计算机显示器上显示,就选择方形像素,但如果需要在宽屏显示设备上显示,则要选择相应的像素长宽比，以免发生变形。

3. 帧速率

帧速率表示视频每秒钟显示的图像数量，也称帧频，它是视频流畅度的体现。帧速率通常以 fps(frames per second)表示，如 24fps、30fps、60fps 等，帧速率越高，越可以得到更加流畅、逼真的视觉效果。

PR"序列设置"窗口中的"时基"指的就是帧速率，如图 5-6 所示。进行视频编辑时，可以根据需要调整"时基"来设置合适的帧速率，以获得理想的视频效果。

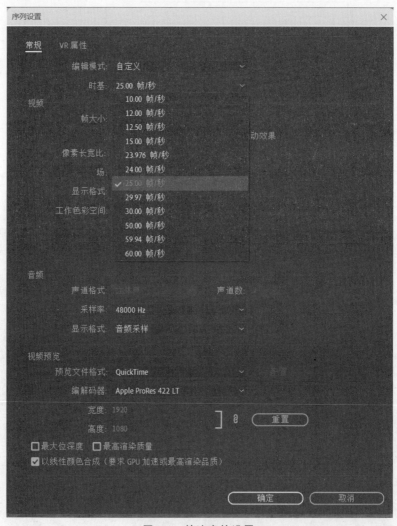

图 5-6　帧速率的设置

当拍摄的素材帧速率不一致时，视频处理软件会通过插帧或抽帧的方法来匹配序列设置。因此，拍摄和编辑视频时，尽量确保素材的帧速率与编辑序列的帧速率一致。

4. 制式

实现电视的特定方式,称为电视的制式。制式定义了对视频信号的解码方式。

不同制式对色彩的处理方式、屏幕扫描频率等有不同的规定。因此,如果计算机系统处理视频信号的制式与其相连的视频设备的制式不同,会明显降低视频图像的效果,有的甚至根本无法显示图像。

在黑白和彩色模拟电视的发展过程中,分别出现过许多种不同的制式。各国的模拟电视制式不尽相同,制式的区分主要在于帧频、分辨率、信号带宽以及色彩空间的转换关系不同等。模拟电视视频制式标准有以下 3 种:NTSC 制式、PAL 制式、SECAM 制式。其具体的对比如表 5-1 所示。由于数字电视是从模拟电视发展而来的,这 3 种模拟彩色电视制式互不兼容,因此数字电视的格式明显带有各种彩色电视制式的痕迹。而数字电视格式的标准目前并未统一。

表 5-1 3 种模拟电视制式的对比

	电 视 制 式		
	NTSC	**PAL**	**SECAM**
代表国家	美国、加拿大、日本	中国、德国、英国	法国、俄罗斯
分辨率	720×480	720×576	720×576
画面宽高比	4∶3	4∶3	4∶3
帧频	30	25	25

5.2 视频的数字化

5.2.1 硬件设备

视频的数字化需要借助视频获取硬件设备完成,常见的视频获取硬件设备如图 5-7 所示。

视频采集卡

摄像设备模组

手机摄像头模组

图 5-7 视频获取硬件设备

首先，可以通过数字摄像机直接产生数字视频信号，存储在介质上，放入计算机中。也可以通过视频采集卡获取数字视频信号。这类采集卡用于将摄像机、录像机、电视机等输出的模拟信号从模拟输入接口输入，将其数字化后再存入计算机。其中，将模拟视频信号数字化并转换为计算机数字视频信号的多媒体卡称为视频捕捉卡或视频采集卡。模拟视频数字化需要经过一系列技术处理：包括颜色空间的转换、扫描方式的转换、分辨率的转换等过程。

5.2.2　数字化过程

视频的数字化过程同样需要经过采样、量化和编码3个基本步骤。

1. 采样

采样与量化是将连续的模拟视频信号转换为离散的数字视频信号的关键步骤，为后续的编码、存储和传输奠定了基础。

当进行视频采样时会涉及两个维度：空间采样和时间采样。

空间采样：也称为图像采样，是对图像在空间维度上的离散化。它决定了图像的分辨率，即图像的像素数量。空间采样率越高，图像的像素数越多，视频的分辨率就越高。

时间采样：是对视频在时间维度上的离散化。它决定了视频的帧速率，即每秒钟播放的帧数。时间采样率越高，视频的帧速率越高，动态效果越流畅。

摄像头或图像传感器会以一定的帧速率捕捉场景中的光线，并转换为电信号，这些电信号随后被数字化为像素值，并组成一帧图像，它是构成数字视频的基本单位。

2. 量化

视频中每一帧图像的量化过程与单独的图像量化过程在原理上是相同的。在数字图像处理中，量化是将图像的连续取值（如颜色、亮度等）转换为离散值的过程。对于视频来说，每一帧都可以看作一个静态的图像，因此也需要进行类似的量化处理，可以参考第3章图像的量化过程来理解。

具体来说，在视频的每一帧中，像素的颜色和亮度信息通常会被量化为特定的二进制数值，即以一定的位深度来表示每一个像素的信息。位深度决定了每个像素的颜色信息用多少二进制位来表示。24位深度意味着每个颜色通道（红、绿、蓝）用8位二进制表示，共可以表示大约1670万种颜色。更高的位深度则意味着更多的颜色级别和更精细的颜色过渡。在广播电视和大多数消费级视频设备中，24位位深度是常见的选择，因为它在颜色表现和文件大小之间达到了较好的平衡。然而，在电影制作和高端家庭影院等需要更高色彩精度的应用中，可能会采用更高的位深度。

在视频的采样和量化过程中，确定了视频的一些基本参数，包括每帧图像的分辨率（即水平方向和垂直方向的像素数）、帧速率（即每秒传输的帧数）、图像量化时的位深度（每个像素点用多少位二进制数表示颜色信息）以及视频时长。

此时，使用以下公式可以计算出视频采样和量化后的数据量。

$$视频数据量＝每帧图像的数据量×帧速率×视频时长$$

其中，每帧图像的数据量可以通过以下方式计算

$$每帧图像的数据量＝图像分辨率×位深度/8$$

通过以上公式计算得到的就是未经压缩的视频数据量。我们试着计算一下：1 分钟时长、帧速率为 25FPS，分辨率为 $1920×1080$，位深度为 24 的数字视频，不经压缩的数据量是多少？具体计算公式如下。

$$示例视频数据量＝图像分辨率×位深度×帧速率×视频时长/8$$

$$示例视频数据量＝1920×1080×24×25×60/8≈8GB$$

由此计算可知，采样和量化后的原始视频数据量非常庞大，需要对其进行压缩编码。视频数据中存在大量的冗余数据，包括时间冗余、空间冗余、结构冗余、视觉冗余、知识冗余和数据冗余等，在保证视频质量相同的前提下，挖掘利用的冗余越多，压缩率就越高。

3. 编码

视频的编码格式决定了视频数据如何被压缩、存储和传输。视频编码格式的发展是一个不断演进的过程，随着技术的不断进步和应用场景的不断扩展，新的编码格式不断涌现。

不同的视频编码格式采用了不同的压缩算法和技术，以在压缩效率、图像质量、解码复杂度等方面达到不同的平衡。例如，H.264/AVC 被广泛认为是目前最有效率的视频压缩技术之一，适用于高清视频、视频会议、网络流媒体等多种应用（注：H.264 和 AVC 是同一种视频编码标准的两种不同命名，前者是由国际电信联盟电信标准化部门的视频编码专家组制定的标准，而 AVC（advanced video coding）是国际标准化组织/国际电工委员会的运动图像专家组命名的同一标准）；而 H.265/HEVC 则提供了更高的压缩效率，适用于高清和超高清视频，特别是在带宽受限的网络环境中（注：H.265/HEVC 是 H.264/AVC 的继任者）。

在 PR 中导出视频时，可以根据需要选择不同的编码格式。如图 5-8 所示的"格式"下拉菜单中列出了目前主流的视频、音频和图像的编码格式，其中就包括 H.264、HEVC（H.265）、MPEG4、QuickTime、Windows Media 等常见的视频编码格式。选择合适的编码格式需要考虑视频内容、目标平台、带宽要求、存储空间等多个因素。

4. 封装

我们平时观看的视频文件经常是一种多媒体文件，它结合了视频流和音频流，以及一些其他可能的数据流，如字幕等。音视频封装就是将已经编码压缩好的视频数据和音频数据按照一定的格式放到一个文件中，以便于播放和传输，也可以理解为将视频和音频数据打包成一个整体的文件，而这个文件需要遵循一定的规范和标准，以确保不同的设备和软件都能够正确地解析和播放，这个过程可以用图 5-9 简要表示。

视频数据主要负责画面的展示，包括图像的序列和动态效果。而音频数据则负责声音的表现，包括对话、音乐、音效等。这两部分数据在视频文件中是同步的，以确保观看

图 5-8　选择编码格式

图 5-9　封装的简要表示

视频时画面和声音能够同步播放，提供完整的视听体验。

在封装过程中，视频和音频数据被封装在一个容器内，这个容器可以理解为一个存放视频和音频数据的"盒子"。常见的封装格式（容器格式）包括 MP4、AVI、MKV 等。这些格式规定了如何组织和存储视频、音频以及其他可能的数据流（如字幕等）。

在 PR 中导出视频时，选择不同的视频编码格式通常会导致导出的文件格式不同。例如，如果选择 H.264 编码格式，则通常会导出为 MP4 文件格式，图 5-8 中就是这种情况。这是因为 MP4 是一个广泛支持的容器格式，可以很好地与 H.264 编码的视频配合使用。类似地，如果选择 QuickTime 编码格式，则会导出为 MOV 文件格式。在平时生活中，一些常见的视频编码格式与封装文件格式的对应关系如表 5-2 所示。

导出视频时，最好选择与目标播放平台和观众设备兼容性最佳的视频编码格式和容器格式组合。还可以考虑使用专业的视频编码软件或转换工具来进一步优化视频导出设置，以获得更精细的控制和更好的结果。

表 5-2　常见视频编码与封装格式的对应关系

视频编码格式	封装文件格式	视频编码格式	封装文件格式
avi、avi 未压缩	avi	MPEG4	3gp
H.264、H.265	mp4	Windows Media	wmv
H.264 蓝光	m4v	爱奇艺版权	qsv
QuickTime	mov	腾讯版权	qlv
MPEG2	mpg	其他	...
MPEG2 蓝光	m2v		

5.2.3　常见的音视频封装格式

1. MP4

MP4 是一种广泛使用的封装格式,它支持多种编码格式,包括 H.264、MPEG-4 等。MP4 文件通常具有较小的体积和良好的兼容性,可以在各种设备和平台上播放。此外,MP4 还支持流式传输,使得在线视频播放更加流畅。

2. AVI

AVI 是 Windows 系统上最基本、最常用的一种封装格式。它具有良好的兼容性和跨平台支持,但文件体积相对较大。AVI 文件通常使用 DivX 或 XviD 等视频编码格式,这些编码格式在保持较高画质的同时也具有一定的压缩效率。

3. MKV

MKV 是一种多功能的封装格式,它可以容纳多种不同编码的视频、音频和字幕流。MKV 文件通常具有较大的体积,但提供了更高的灵活性和可扩展性。此外,MKV 还支持软字幕和流式传输等功能,使得视频播放更加便捷。

4. MOV

MOV 是苹果公司开发的 QuickTime 音频、视频文件封装格式。它通常具有较高的画质和音质,但只能在支持 QuickTime 的平台上播放。MOV 文件通常使用苹果自家的编码格式,如 ProRes 和 H.264 等。

5. RMVB

RMVB 使用 RealVideo 编码格式进行压缩。RMVB 文件通常具有较小的体积和良好的画质,适合在网络上进行流式传输。然而,RMVB 的兼容性相对较差,只能在支持 RealPlayer 的平台上播放。

6. WMV

Windows Media 视频文件主要有两种不同的扩展名：ASF 和 WMV。

ASF 是 Advanced Streaming Format 的缩写，是微软公司 Windows Media 的核心。ASF 定义为同步媒体的统一容器文件格式。ASF 是一种数据格式，包括音频、视频、图像以及控制命令脚本等多媒体信息。使用这种格式，文件以网络数据包的形式传输，实现流式多媒体内容发布。WMV 是微软公司推出的一种流媒体格式，它是由 ASF 格式升级延伸而来。在同等视频质量下，WMV 格式的体积非常小，因此很适合在网上播放和传输。

7. 3GP

3GP 主要是为了配合 3G 移动通信网的高传输速度而开发的视频编码格式，也是手机中常用的一种视频文件格式。它是 MP4 格式的一种简化版本，是 3G 移动设备标准格式，应用在手机、MP4 播放器等便携设备上，其优点是文件体积小，移动性强，适合移动设备使用。缺点是在 PC 上兼容性差，分辨率低，帧数低。

5.2.4　编码格式转换

转码是将视频从一种格式转换为另一种格式的过程，转码的同时，也可以选择改变视频的一些参数，如分辨率、码率等。Adobe Premiere Pro、Final Cut Pro X 和 Avid Media Composer 等视频编辑软件都可以转换视频封装格式，它们通常支持多种输入输出格式，并提供丰富的转码选项。

Adobe Media Encoder 是 Adobe 系列产品中专用于视频和音频编码的应用程序。借助它可以轻松地将视频和音频文件从一个格式转换为另一个格式，以满足不同播放平台和设备的需求。下面以 Adobe Media Encoder 2023（以下简称 Media Encoder）为例，简单介绍一下编码格式转换的基本方法。启动 Media Encoder 后的默认工作区如图 5-10 所示。

例如，把一个"序列 01_1.avi"的视频转换为 H.264 视频编码的 mp4 文件，在"队列"窗口中单击"添加源"，选择待转码的文件，将其添加到转码队列。在当前工作区左下角的"预设浏览器"中有多种编码预设，每种预设包括了预设名称、格式、帧大小、帧速率及目标速率等不同的选项参数，根据需要，单击并选择一种预设，将其拖动到编码队列的文件名称上。具体操作如图 5-11 所示。

可以为待编码的文件选择多种不同的预设编码，排成转码队列，等待同时编码。并且，预设的格式及参数都可在下拉菜单中继续调整，"输出文件"即最终编码保存的位置，可依需求修改，具体操作如图 5-12 所示。

单击队列右上角的绿色"启动队列"按钮，开始按照队列中的编码需求依次完成编码工作，并将编码后的结果保存在"输出文件"的位置。队列中的一项编码完成后，即显示"完成"状态，如图 5-13 所示。

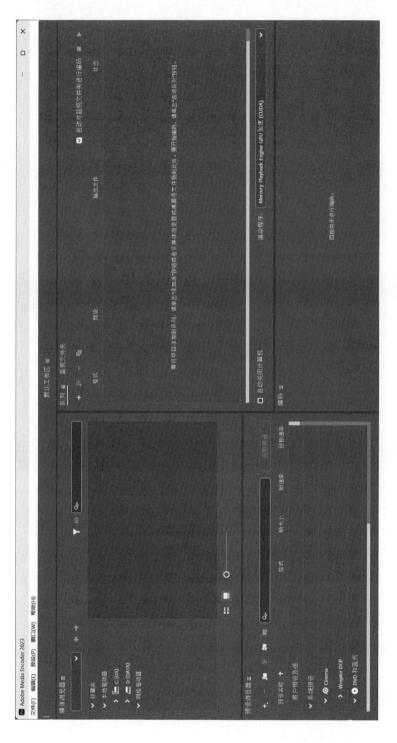

图 5-10　Media Encoder 的默认工作区

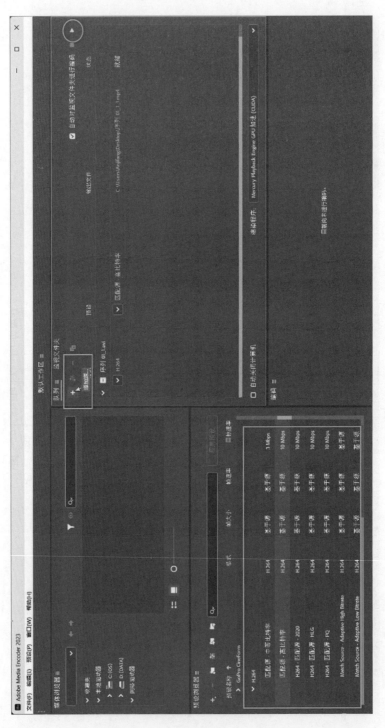

图 5-11　为队列中的文件选择预设编码

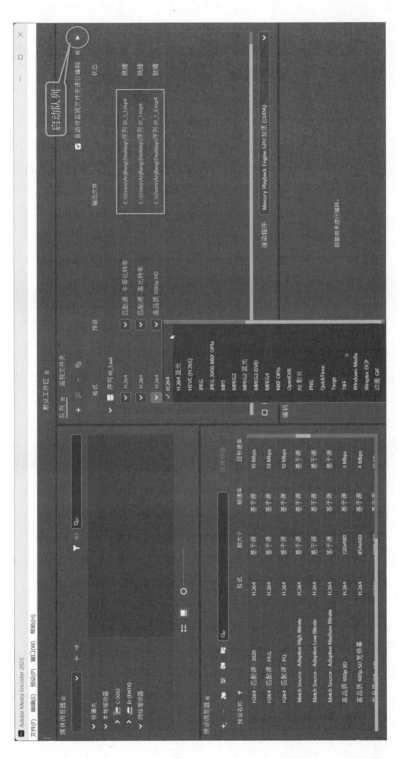

图 5-12　多种编码预设及选项

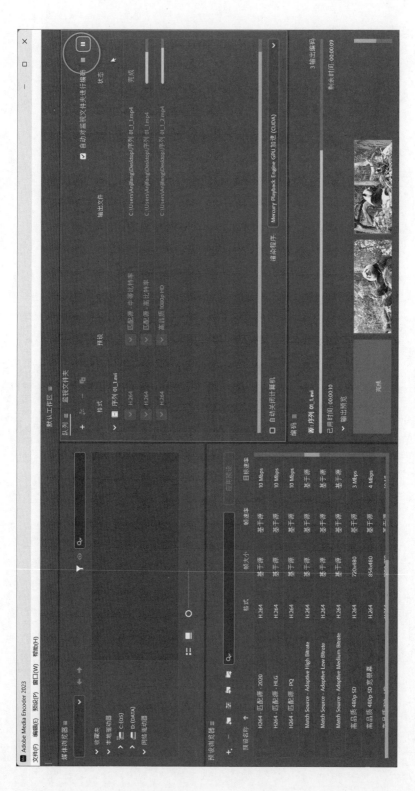

图 5-13 启动队列等待完成编码

Media Encoder 可以完成目前主流的音频、图像、视频等不同媒体格式的编码转换工作,以便导出与特定交付媒体兼容的文件,并与 Adobe 的其他软件(如 Premiere Pro、After Effects 等)有良好的兼容性,同类功能的工具软件还有 Format Factory(格式工厂)、FFmpeg 等。

5.3 视频制作与处理

5.3.1 非线性编辑技术

非线性编辑技术依托计算机来进行数字化制作,可以对画面进行任意顺序的组接,而不需要像传统线性编辑那样按顺序从头编到结尾。目前的视频编辑技术已经全面非线编化,这是数字技术发展的必然趋势,也是视频制作领域不断进步的重要标志。

数字视频制作与处理软件是用于创建、编辑和处理数字视频的专业工具。它们通常具有视频剪辑、特效添加、音频调整、字幕制作等丰富的功能。随着人工智能、大数据等新兴技术的发展,非线性编辑技术也将不断升级和发展。未来,可以期待更加智能化、自动化的视频编辑工具出现,为视频制作带来更加便捷和高效的体验。

5.3.2 常用视频制作与处理软件

1. Adobe Premiere Pro

Adobe Premiere Pro 是一款专业的非线性视频编辑软件,广泛应用于电影、电视、网络视频等领域。Adobe Premiere Pro 提供了从采集到剪辑、调色、美化音频、字幕添加、输出、DVD 刻录的一整套流程,满足了视频制作中的各环节需求。本章主要使用 Adobe Premiere Pro 2023 作为演示工具,后面简称为 PR。

2. Adobe After Effects

Adobe After Effects 是层类型后期软件,它可以将多个元素(如视频、图像、文本等)合成为一个场景,应用各种视觉效果来增强画面表现力,制作图形和文字的运动效果,以及调整图像和视频的颜色,以保证视觉效果的一致性。此外,它还支持 3D 空间操作,允许通过摄像机、光照和几何体建模来创作 3D 场景与动画,并与 2D 合成无缝连接,创建引人注目的动态图形和震撼人心的视觉效果。本章部分实验使用 Adobe After Effects 2023 作为演示工具,后面简称为 After Effects。

3. Final Cut Pro

Final Cut Pro 是苹果公司开发的一款专业视频编辑软件,特别适用于 Mac 用户。它具有直观的界面和高效的工作流程,支持多种视频格式,并提供丰富的特效和工具。

4. Avid Media Composer

Avid Media Composer 是一款好莱坞电影常用的专业视频编辑软件,具有强大的剪辑、特效和音频处理功能。它支持高清、标清等多种格式，并提供高效的协作工具。

5. Sony Vegas Pro

Sony Vegas Pro 是一款适用于 Windows 系统的专业视频编辑软件，提供了丰富的剪辑、特效、音频处理等功能。它还支持多种格式的导入和导出，并提供高效的渲染速度。

6. DaVinci Resolve

DaVinci Resolve 是一款集剪辑、调色、特效、音频处理于一体的专业视频制作软件，广泛应用于电影、电视、广告等领域。它提供了强大的功能和高效的性能，并支持多种格式的导入和导出。

7. 会声会影

会声会影是 Corel 公司的视频编辑软件。它操作简单，适合家庭日常使用。它提供影片制作向导模式，只要通过简单步骤就可以快速做出 DV 影片，入门新手也可以在短时间内体验影片剪辑。同时，会声会影编辑模式从捕获、剪辑、转场、特效、合成、字幕、配乐，到刻录操作，全方位制作视频作品。

8. Camtasia Studio

Camtasia Studio 是应用广泛的微课视频录制和视频教程制作工具之一。它集成音视频剪辑、录音、录屏、标注、字幕、抠像、动画、转场、水印、测验等功能，自带丰富的音频、视频片头模板，利用其丰富的片头模板制作微课或教程的片头，简单易用，省时省力。

9. 剪映

剪映是一款视频编辑工具，带有全面的剪辑功能，支持变速操作，有多样滤镜和美颜的效果，还有丰富的素材资源。目前剪映支持在手机移动端、Pad 端、Mac 电脑、Windows 电脑全终端使用，功能强大，操作简单。

实验 5-1

5.4　视频制作与处理实验

实验 5-1: 非线性编辑

1）实验要求

使用素材文件夹"实验 5-1"中给定的拍摄素材制作视频短片，并为短片添加背景音乐。实验结果导出格式为 mp4。

2）实验目的

了解非线性编辑项目的完整工作流程（导入素材、合成、导出）。

3）实验步骤

步骤 1：启动 PR，依次选择菜单栏中的"文件"→"新建"→"新建项目"，打开图 5-14

所示的"新建项目"窗口。在此窗口的左上方设置项目的名称、保存位置,并勾选素材文件,本实验取消了"创建新序列"的默认选项,后续将自行创建序列。单击"创建"按钮后打开项目编辑窗口,开始项目的编辑工作。

图 5-14　新建项目

单击项目编辑界面右上方的"工作区"按钮,有"必要项""垂直""学习""编辑""颜色""效果"等多种工作区选项,如图 5-15 所示,根据不同的项目需求选择合适的工作区编辑。在本章使用 PR 的实验中,统一选择"编辑"工作区。"编辑"工作区中默认打开了"源""节目""项目""时间线"4 个窗口,方便进行视频编辑工作。

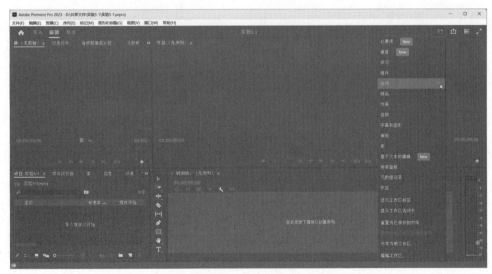

图 5-15　空白项目的"编辑"工作区

步骤 2:在左下方的"项目"窗口中双击,即可导入项目所需素材。另外右击"导入",或者在菜单中选择"文件"→"导入"选项,这 3 种方法都可以将所需素材导入当前的"项目"窗口中，项目窗口下方提供一系列素材查看及管理选项。项目窗口及选项如图5-16所示。

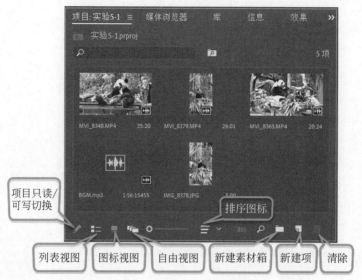

图 5-16　项目窗口及选项

　　步骤3："项目"窗口中仅显示素材的缩略信息，双击某一素材，即可在"源"窗口中查看详细信息。在PR中，浮动窗口较多，因此每个窗口都较小，如需放大查看，可以双击浮动窗口左上角的标题栏位置，如放大"源"窗口后，工作区如图5-17所示。再次双击窗口的标题栏位置，又可以将窗口缩小至原始大小。"源"窗口下方有选项及控制按钮组，方便详细查看"源"素材。

图 5-17　放大显示"源"窗口

　　步骤4：在"源"窗口中单击"仅拖动视频"选项，将其拖动到时间线窗口的V1轨道，此时，音频部分并未同步拖动过来，如图5-18所示。同理，如果按住"仅拖动音频"，则不会拖动视频部分。即音视频信息是分开处理的。两个按钮都不选择时，则"源"素材的音视频可同步拖动。

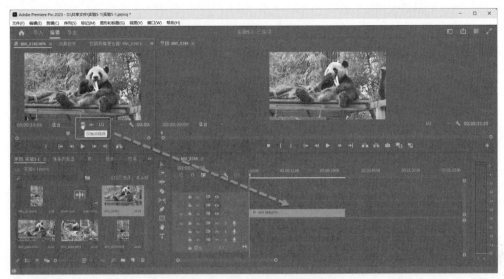

图 5-18 拖动"源"素材至时间线

步骤 5：此时，"时间线"窗口中已经创建了一个名称与"源"窗口素材名称相同的新序列。在"项目"窗口中双击序列名称，可为其重命名，本实验将其命名为"序列 5-1"。然后将其他几个素材的视频部分拖动到时间线 V1 轨道，组接形成一个线性序列，并将背景音乐拖动到 A1 轨道，具体操作如图 5-19 所示。

图 5-19 序列编辑

步骤 6："节目"窗口显示了当前播放指示器的位置及节目的总时长信息，它们的时间码格式为"00：00：00：00"，即"小时：分钟：秒：帧"。单击"播放"按钮，可以在节目窗口中预览节目。因背景音乐时长有多余部分，可以使用时间线左侧工具箱中的"重新混合工具"工具，将 A1 轨道的右边框向内拖动，对 A1 轨道的音乐进行重新混合，使其适配视频画面时长，具体操作如图 5-20 所示。工具使用完，请切换为"选择工具"。

图 5-20　使用重新混合工具适配音频时长

当使用"重新混合"工具时，PR 会智能地分析音频素材，并在保持其原始特性的同时重新调整其节奏和时长。这意味着可以自由地延长或缩短音频的长度，以适应项目需求，而无须担心音频的连贯性或质量受到影响。

步骤 7：至此，"序列 5-1"编辑完成。在"文件"菜单中选择"保存"命令，对当前"实验5-1.prproj"项目文件进行保存，方便后续编辑。如果要将此序列导出为媒体文件，则需要在"文件"菜单中选择"导出"→"媒体"选项，打开图 5-21 所示的"导出设置"窗口，根据需

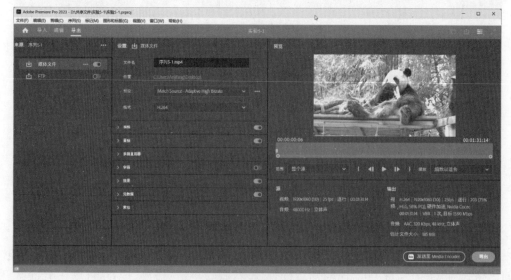

图 5-21　导出窗口

要设置相应的文件名、位置、预设及格式等，并查看导出"源"和"输出"的具体参数是否符合导出需要，最后，单击窗口右下方的"输出"按钮，完成媒体文件的导出（也可发送至 Media Encoder 进行导出及转码）。

实验 5-2: 视频混剪

1）实验要求

从"实验 5-2"给定的素材中任选其中一个人物，剪辑这个人物的多个精彩片段为一个 30s 的新短片，并为短片添加背景音乐，最终作品导出为 mp4 格式。

2）实验目的

熟悉基本剪辑工具的使用方法。

3）实验步骤

步骤 1：启动 PR，依次选择菜单栏中的"文件"→"新建"→"新建项目"选项，在图 5-22 所示的窗口中设置"项目名"及"项目位置"，并勾选所需素材。单击"创建"按钮，进入项目的"编辑"工作区。

图 5-22 新建项目并勾选素材

步骤 2：在"项目"窗口中双击素材 1，在"源"窗口中可以完成对素材片段的精细选择。源窗口下方的控制按钮组中提供"播放-停止""后退一帧""前进一帧""添加标记"等按钮，用于查看和标注素材。通过"标记入点"和"标记出点"，可以在素材中选择一个片段。此时，源窗口右下方的"入点/出点持续时间"为所选片段的时长。"源"窗口中具体的按钮功能如图 5-23 所示。

步骤 3：从"源"窗口中将已选择的片段画面直接拖动到时间线上，默认放置在 V1 和 A1 轨道。如果只需要视频，按住"仅拖动视频"进行拖动，如果只需要音频，则按住"仅拖动音频"进行拖动。原本"无序列"的时间线上已经形成了一个新的序列，名称默认与素

图 5-23　"源"窗口的控制按钮组

材相同，在"项目"窗口中双击其名称将其修改为"哈利混剪30秒"。

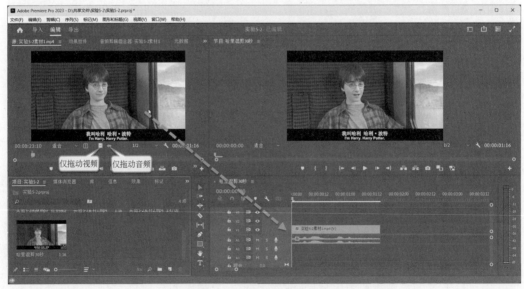

图 5-24　剪辑源素材到时间线

步骤4：使用同样的操作，可以在"源"窗口中对多个素材进行多次"标记入点"和"标记出点"，精选某个人物的精彩片段，并拖动到时间线上组接成新序列。当时间线上序列时长超过30s后，在"节目"窗口左下方可输入"30."，将播放指示器定位到00：00：30：00（时：分：秒：帧），而后使用时间线左侧工具栏中的"剃刀工具"在定位点单击，使用工具箱中的"选择工具"选中多余时长的部分，右击，在弹出的快捷菜单中选择"清除"选项，将其

"清除"。具体操作如图 5-25 所示。

图 5-25　组接新序列

　　步骤 5：时间线上的"音频 1"与"视频 1"默认是链接到一起的，单击"链接选择项"可取消默认的链接状态，此时视频轨道与音频轨道可独立剪辑，不再同步。删除音频 1 上的剪辑，并替换为时长相符的背景音乐，具体操作如图 5-26 所示。

图 5-26　剪辑音频

　　步骤 6：完成混剪后，依次在"文件"菜单中选择"导出"→"媒体"选项，将时间线的序列导出为 H.264 格式的 mp4 文件。

实验 5-3：卡点视频

1）实验要求

使用素材文件夹"实验 5-3"中给定的背景音乐和图像素材，根据"快闪音乐.mp3"中的拍照音制作卡点切换画面的短片。实验结果导出格式为 mp4。

2）实验目的

学习剪辑标记的添加及使用方法，理解根据背景音乐的节奏进行剪辑的基本方法。

3）预备知识

在视频剪辑中，剪辑的节奏与背景音乐之间存在着紧密而微妙的关系。视频中镜头切换的速度、频率以及每个镜头的时长构建了视频的基本框架和动态感觉。节奏可快可慢，可平稳可跳跃，这都取决于视频的内容和想要传达的情感。而背景音乐则以独特的旋律、节奏和音色为视频提供了情感的氛围和基调。

卡点视频适用于一些节奏明快、充满活力的内容，可以根据音乐的节奏点来设置视频片段的时长和切换点，确保每个片段都能与音乐的节奏相匹配。

4）实验步骤

步骤 1：启动 PR，依次选择菜单栏中的"文件"→"新建"→"新建项目"选项，设置"项目名"及"项目位置"，并勾选所需素材（注：导入"项目"窗口后，可新建素材箱，对素材进行分类管理）。单击"创建"按钮，打开此项目的"编辑"工作区，如图 5-27 所示。

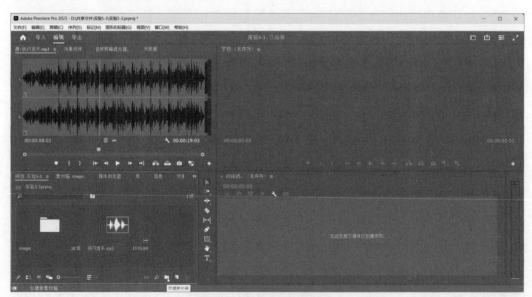

图 5-27　新建项目导入素材

步骤 2：在"项目"窗口右下角依次单击"新建项"→"序列"，可打开"新建序列"窗口，"序列预设"选项卡中有多种可用预设，如需自定义序列参数，则在"设置"选项卡中完成视频及音频各项参数的设置，具体如图 5-28 所示。

步骤 3：将"快闪音乐.mp3"拖动到序列的 A1 轨道，放大其波形，并可在"节目"窗口

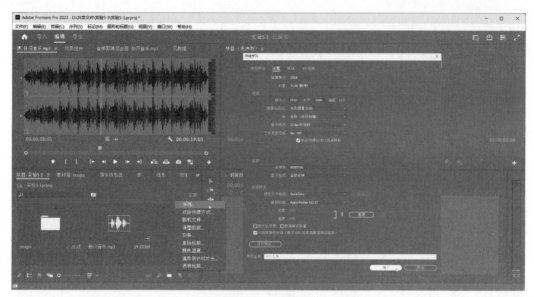

图 5-28 新建序列

中播放此背景音乐，预览其节奏及波形起伏情况，具体如图 5-29 所示。

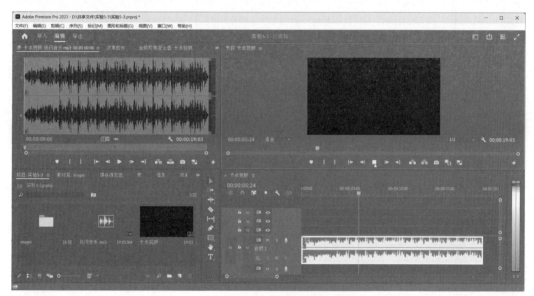

图 5-29 音频轨道

步骤 4：在"节目"窗口中播放序列时，窗口下方控制按钮组的第一个按钮为"添加标记(M)"，此功能可以在序列中标记出一些重要的剪辑点，作为后续画面剪辑的切换点。完整地播放序列，用"添加标记"的方法标记背景音乐中一些重要的鼓点、节奏变换点、节拍点等，这种过程常被称为"打轴"，本实验是把背景音乐中的拍照音位置都添加了标记，具体操作如图 5-30 所示。

步骤 5：这些标记点可以作为画面的切换点。例如，把素材"北京文化.jpg"添加到

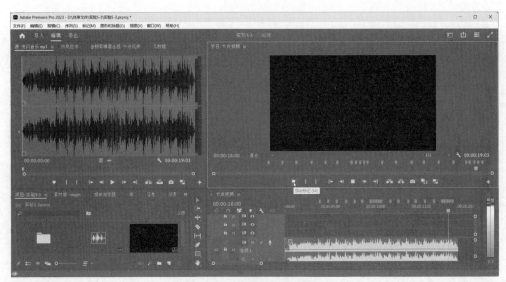

图 5-30　播放音乐，添加标记

V1 轨道后，调整其时长（注：静止图像默认持续时间为 5s），将其左边框对齐标记点 1，右边框对齐标记点 2，拖动边框改变时长，遇到标记点位置时会出现一条黑色的"对位线"，表明已完成音画对位，具体操作如图 5-31 所示。用同样的方法，可手工将素材按照标记点位置进行组接，完成后的 V1 轨道如图 5-32 所示。

图 5-31　根据标记点进行音画对位

步骤 6：本实验序列"卡点视频"的分辨率设置的是 1920×1080，而图像素材的大小均为 960×540，因此，画面中有大面积的黑框区域。在 V1 轨道选择所有镜头，右击，在弹出的快捷菜单中选择"缩放为帧大小"，此时，画面中的素材会被自动缩放为与序列画面大小一致。

图 5-32　音画对位完成

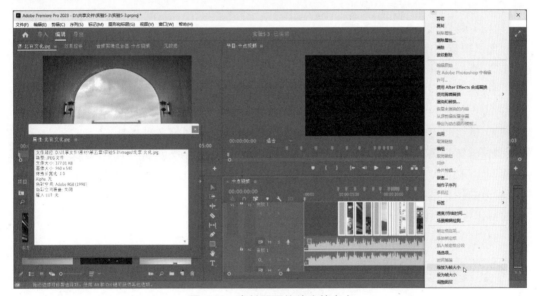

图 5-33　素材画面缩放为帧大小

　　步骤 7：制作完卡点视频后，依次选择"文件"→"保存"，保存"实验 5-3.prproj"项目。依次选择"文件"→"导出"→"媒体"→"格式：H.264"，将"项目"窗口中的"卡点视频"序列导出为 mp4 文件，具体操作如图 5-34 所示。

实验 5-4: 短视频制作

1) 实验要求

　　使用素材文件夹"实验 5-4"中给定的文字脚本及素材，制作一个 1min 左右的"颐和

实验 5-4

图 5-34　导出为媒体文件

园"宣传短视频。实验结果导出格式为 mp4。

2）实验目的

学习根据文字脚本制作短视频的基本流程。

3）预备知识

短视频是指在各种新媒体平台上播放的、适合在移动状态和短时休闲状态下观看的、高频推送的视频内容，时长从几秒到几分钟不等。它融合了技能分享、幽默搞怪、时尚潮流、社会热点、街头采访、公益教育、广告创意、商业定制等多种主题。

如今，短视频行业规模持续扩大，影响力日益增强。科技创新的应用降低了用户参与创作的门槛，使其具有全民共创、全民共享的趋势。泛知识类短视频内容生产不断拓展，成为知识传播的主要媒介。新技术应用，如 4K、AIGC、VR、AR、数字人等则为短视频的制作带来更多可能性。

短视频的基本制作流程通常包括图 5-35 所示的几个步骤。

图 5-35　短视频的基本制作流程

4）实验步骤

步骤 1：确定本实验的制作主题为介绍颐和园的基本情况，撰写以下短视频文字脚本，并依据文字脚本准备相应的视频、图像及背景音乐等素材。

【颐和园宣传短视频文字脚本(示例)】

镜头一：展现颐和园全景，背景音乐悠扬

旁白：颐和园修建于清朝乾隆年间，原名清漪园，是北京西郊三山五园之一。

镜头二：切换至昆明湖的画面

旁白：昆明湖占颐和园总面积的四分之三。湖水清澈，桥影倒映，如诗如画。昔日帝王的游憩之地，如今成为了人们放松心情的好去处。

镜头三：切换至万寿山的画面

旁白：万寿山分为前山、后山两部分，山上的建筑古朴典雅，是颐和园又一标志性景观。

镜头四：拉近镜头至佛香阁

旁白：佛香阁是颐和园的制高点，站在这里，可以俯瞰整个园区的美景。

镜头五：切换至长廊，展示游客行走其间

旁白：走进长达 700 多米的曲折长廊，仿佛能听到历史的回音，每一幅彩绘都诉说着一个个古老的故事。

镜头六：展现夕阳下颐和园的全景画面，背景音乐渐远

旁白：当夕阳洒满这片古老的土地，颐和园又展现出了不一样的宁静与美丽。

步骤 2：录制旁白，形成相应的字幕文件。本实验使用"迅飞智作"完成旁白语音音频文件及字幕的生成，具体生成页面如图 5-36 所示。生成的"旁白.mp3"及"字幕.srt"文件已提供在实验 5-4 的文件夹中。

图 5-36　使用"迅飞智作"形成旁白音频及字幕

步骤 3：根据文字脚本拍摄和录制相应的视频及图像素材，本实验准备好的制作素材如图 5-37 所示。

01颐和园全景. 　02昆明湖.mp4　03万寿山.mp4　04佛香阁.mp4　05长廊.mp4　06夕阳下.mp4　背景音乐.mp3　旁白.mp3　文字脚本.txt　字幕.srt
mp4

图 5-37　短视频制作素材

步骤 4：启动 PR，依次选择菜单栏中的"文件"→"新建"，创建项目。新建一个名为

"颐和园宣传短视频"的序列，将旁白及背景音乐拖入时间线的音频 1 和音频 2 轨道，并适当调整音量及时长，使其相匹配（注：右击音频轨道上的音频剪辑，可联动 Adobe Audition 完成音频的各种效果设置），具体操作如图 5-38 所示。

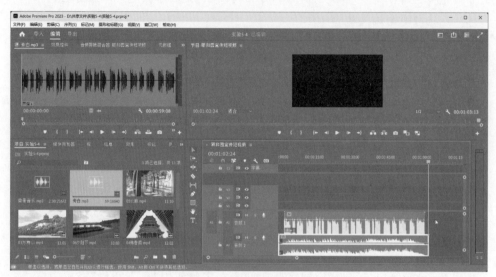

图 5-38　新建序列添加音频

步骤 5：将播放指示器移动到旁白开始的位置，从"项目"窗口中将"字幕.srt"拖入时间线，在图 5-39 所示的"新建字幕轨道"窗口中选择字幕格式，并设置起始点为"播放指示器位置"。单击"确定"按钮，添加字幕轨道。

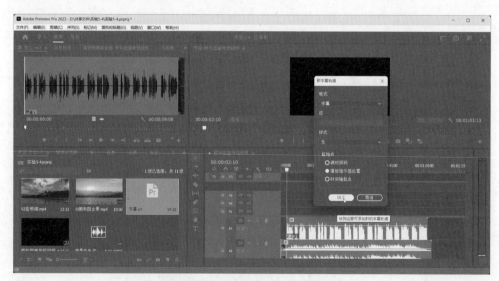

图 5-39　使用 SRT 字幕文件创建字幕轨道

SRT 字幕文件是一种常见的字幕文件格式，全称是 SubRip Text，文件扩展名为 srt。它由几个关键部分组成，包括编号、起始时间、结束时间和字幕内容，主要用于与视频节目中的音频或视频同步显示屏幕文本，本实验的字幕文件如图 5-40(a)所示，添加到时间线的字幕轨道如图 5-40(b)所示,在节目窗口中可以查看字幕与旁白的对位情况。

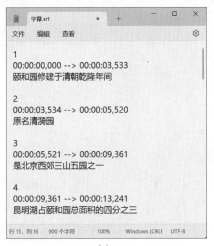

(a)

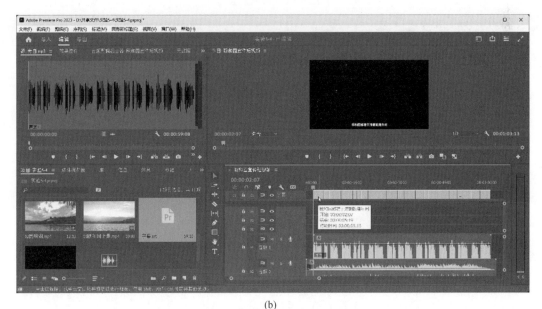

(b)

图 5-40 字幕文件与字幕轨道

步骤 6:根据文字脚本,将各镜头的素材以"仅拖动视频"的方式拖入时间线的 V1 轨道,并剪辑为恰当时长,达到音画对位,具体操作如图 5-41 所示。当出现镜头的剪辑时长不足时,可以在时间线上右击该剪辑,在弹出的快捷菜单中选择"速度/持续时间"将速度变慢,补足画面时长。

音画对位完成的时间线如图 5-42 所示。

步骤 7:在"窗口"菜单中选择"基本图形",在打开的"基本图形"窗口中选择"浏览"基本图形。例如,本实验选择了"现代标题",将其拖入时间线 V2 轨道,放置到片头位置作为短视频标题,并在"基本图形"的"编辑"窗口中编辑文本内容及样式,如图 5-43 所示。

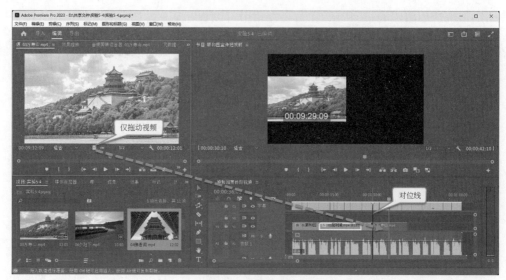

图 5-41　音画对位

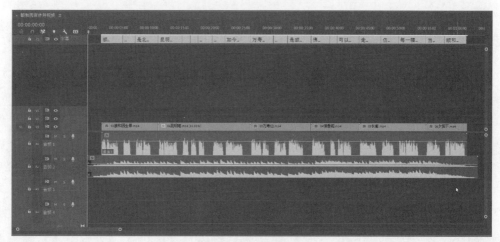

图 5-42　对位完成

"基本图形"提供了许多 PR 内置的动态图形模板,扩展名为 mogrt,可以通过单击"基本图形"右下角的"安装动态图形模板"进行扩展安装。

步骤 8:完成序列编辑后,依次选择"文件"→"保存"选项,保存当前的 prproj 项目文件。最后,选择"文件"→"导出"→"媒体"选项,将"颐和园宣传短视频"导出为 H.264 编码的 mp4 文件。

实验 5-5

实验 5-5: 效果处理

1) 实验要求

打开素材文件夹"实验 5-5"中的 PR 项目"实验 5-5.prproj",对序列中的两个镜头分别添加如下所述的效果。

镜头 1:画面从小变到大,并旋转一圈出场。

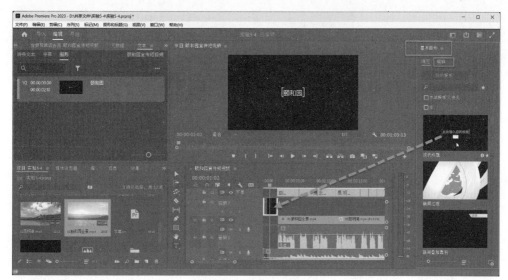

图 5-43　添加基本图形

镜头 2：画面从左右两侧慢慢合上，再打开。

为作品添加适当的视频过渡效果，并根据个人喜好对序列进行整体调色处理。最终作品导出为 mp4 格式文件。

2）实验目的

学习使用多种方法为视频添加效果。

3）预备知识

视频效果，也称为视频特效，是用计算机对现实生活中不可能完成的拍摄，以及难以完成或花费大量资金而得不偿失的拍摄进行数字化处理，达到想要的视觉效果。在 PR 中，可以手工为镜头添加视频效果，也可以使用效果库中的效果。

（1）"效果控件"窗口。

时间线上的每一个剪辑镜头包含的 FX，即"效果"，都能够在"效果控件"窗口中查看、添加并编辑，"效果控件"窗口如图 5-44 所示。其中，"运动""不透明度"及"时间重映射"是 3 个内置效果，无法删除。

每一效果都包含多个效果属性。例如，"运动"效果中包含"位置""缩放""旋转"等。每一属性都可以调整取值，当光标出现左右箭头时，可向左或向右拖动，快速改变其取值。另外，每一属性名称前面的"秒表图标"用来激活关键帧记录，然后可以在属性时间线上移动播放头并调整属性值来创建关键帧，这些关键帧将定义属性随时间的变化，从而创建动画效果。

（2）效果库。

PR 的"效果"窗口包含了"预设""视频效果""视频过渡""音频效果"和"音频过渡"共 5 类效果。其中，"视频效果"库中的效果分类如图 5-45 所示。每一类效果中包含多个效果器，可对时间线上的剪辑进行多种类型的运算，从而获得不同的视觉效果。

PR 的"效果"窗口还提供了多类"视频过渡"效果。视频过渡，也称为转场效果或切换效果。一段视频结束，另一段视频紧接着开始，即镜头的切换过程。"视频过渡"效果

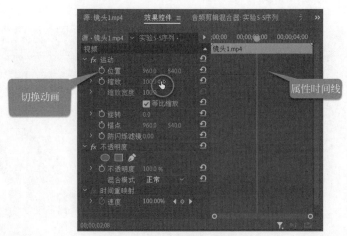

图 5-44   "效果控件"窗口

仅能够应用在两个镜头剪辑之间的位置，目的是使镜头切换衔接得更加自然或更加有趣。例如，如图 5-46 所示的"立方体旋转"，镜头 A 和镜头 B 映射到立方体的两个面，最终达到镜头 A 向镜头 B 切换的过渡效果。

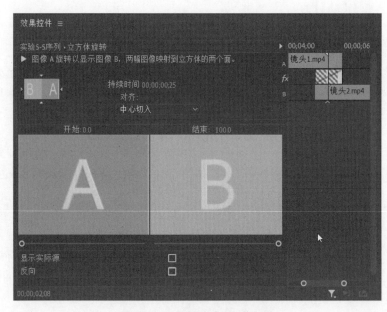

图 5-45   PR 的视频   图 5-46   "视频过渡"效果示例
        效果库

4）实验步骤

步骤 1：双击素材文件夹中的"实验 5-5.prproj"，打开项目，并在"项目"窗口中双击"实验 5-5 序列"，时间线上即打开已有序列，如图 5-47 所示。

步骤 2：在时间线上选择"镜头 1"，在当前工作区左上方的"效果控件"窗口中为"缩

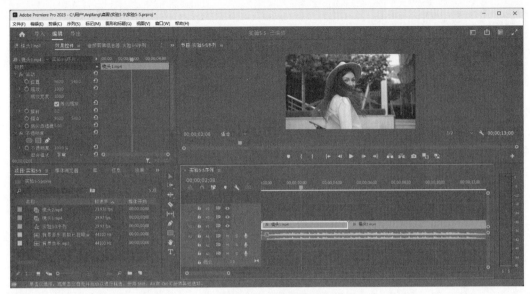

图 5-47　打开项目

放"和"旋转"属性切换动画,并分别添加两个关键帧,设置从小到大、旋转 360°的运动效果,如图 5-48 所示。

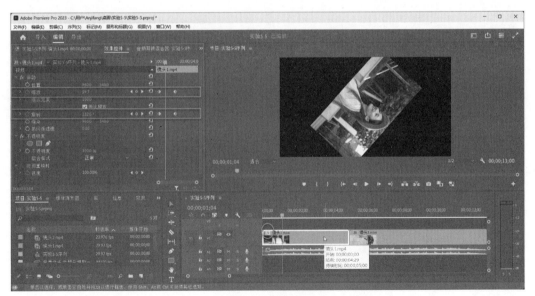

图 5-48　设置运动动画

步骤 3:在时间线上选择"镜头 2",在左下方的"效果"窗口中依次选择"视频效果"→"变换"→"裁剪",将其拖动到镜头 2 的"效果控件"窗口中,并切换"裁剪"效果动画,为"左侧"和"右侧"属性各添加 3 个关键帧,分别设置取值为"0%""50%""0%",得到画面慢慢合起又打开的动画效果,具体操作如图 5-49 所示。

步骤 4:在"效果"窗口中选择一种视频过渡效果,如图 5-50 所示,拖动"视频过

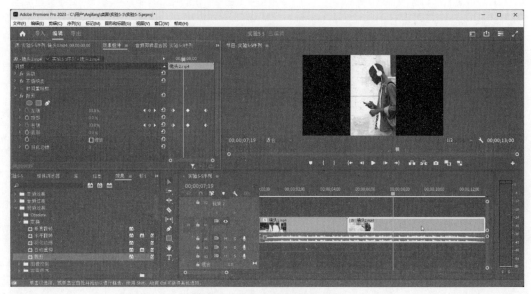

图 5-49　添加并编辑裁剪效果

渡"→"溶解"→"交叉溶解"到两个镜头之间的位置即可添加。在"效果控件"窗口中可以对过渡效果的持续时间、对齐方式等进行修改设置。

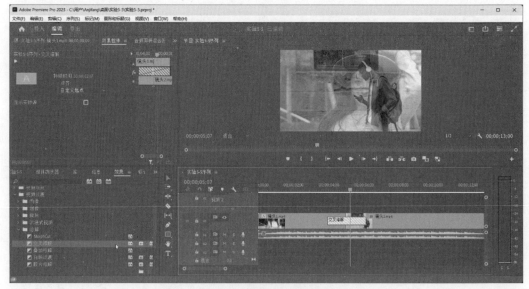

图 5-50　添加视频过渡效果

步骤 5：在"项目"窗口右下角单击"新建项"按钮，选择"调整图层"，将调整图层拖动到时间线的 V2 轨道，并将其时间延长至片尾。它用来对全片进行一致性调色处理，具体操作如图 5-51 所示。

步骤 6：在"效果"窗口中选择"Lumetri 预设"中的一种调色模板，可将其应用在"调整图层"上，并可在"效果控件"窗口中对颜色信息进行校正和修改，达到满意的调色效

图 5-51　新建调整图层

果。具体操作如图 5-52 所示。

图 5-52　使用 Lumetri 预设调色

步骤 7：完成序列的编辑和效果处理后，可依次选择"文件"→"导出"→"媒体"选项，将序列导出为 H.264 编码的 mp4 文件。

实验 5-6：抠像与合成

实验 5-6

1）实验要求

将素材文件夹"实验 5-6"中的人物与场景合成在一起，最终导出为 mp4 格式的文件。实验素材及结果如图 5-53 所示。

图 5-53　实验 5-6 素材和结果示例

2）实验目的

学习抠像及合成的基本方法，比较不同抠像算法的效果。

3）预备知识

抠像是一种非线性编辑视频特效，英文称作 Key，经常被翻译为"键"或"键控"。抠像的原理是通过识别去除画面中的特定颜色，从而保留或提取出需要的对象，继而与其他画面合成，形成许多奇幻效果。图 5-54 所示的主播画面与背景画面的合成就应用了抠像与合成技术。

图 5-54　视频抠像后的合成效果示例

选择抠除的色彩范围时，常选择色彩较纯净，并且区别于被抠取画面各部位的颜色。具体实现时使用绿屏抠像和蓝屏抠像的比较多。

4）实验步骤

步骤 1：启动 PR，新建项目，并把素材导入至"项目"窗口。创建"实验 5-6 序列"，将场景素材拖放到时间线的 V1 轨道上，将"人物"素材拖放到 V2 轨道上。具体操作如图 5-55 所示。

图 5-55　新建序列并编辑

步骤 2：在"效果"窗口中选择"视频效果"→"键控"→"超级键"，将它拖动到 V2 轨道的人物剪辑上。在"效果控件"窗口中可以看到效果的具体属性设置选项，如图 5-56 所示。

图 5-56　添加"超级键"效果

步骤 3：在"效果控件"窗口中修改"超级键"效果的"主要颜色"属性，使用"吸管"工具，在"节目"窗口中吸取待抠除的背景颜色信息，即可将所选颜色抠除，变为透明。具体设置如图 5-57 所示。处理完成后的序列可导出为 mp4 格式。

图 5-57　修改"超级键"效果颜色属性

步骤 4：Adobe After Effects 中也有多种抠像算法，在此做一下对比。启动 AE，并新建项目，导入素材后，新建一个合成，将人物和场景叠放到合成中。右侧的"效果和预设"窗口中的 Keying 和抠像两类效果库包含不同的抠像算法，如图 5-58 所示。

步骤 5：选择 Keying 类中的 Keylight 效果，将其拖放到人物轨道上，并在"效果控

图 5-58　After Effects 中的抠像效果库

件"窗口中将"Screen Color"属性修改为人物背景颜色，即可完成一键抠除背景操作，具
体效果如图 5-59 所示。

图 5-59　使用 Keylight 效果完成抠像

　　使用"抠像"技术使得视频素材的叠放具有自然的融合效果，也使影视制作过程中一些
无法实际拍摄出来的场景得到奇幻的视频效果，是当前应用非常普遍的视频特效技术。

实验 5-7: 音乐视频 MV

实验 5-7

1) 实验要求

　　使用素材文件夹"实验 5-7"中的歌曲音频、歌词文本等制作歌曲《Lucky》的 MV，为歌曲搭配适当的片头及画面、歌词字幕等,最终将 MV 导出为 mp4 格式。

2)实验目的

了解音画同步的基本实现方法,学习字幕的基本制作。

3)预备知识

MV 即 music video,是把对音乐的解读同时用视频画面呈现的一种艺术类型。创作时,以歌词内容为创作蓝本,追求歌词中所提供的画面意境以及故事情节,并且设置相应的镜头画面,达到音乐与画面的情绪一致、节奏相同的音画同步状态。

在视频中,我们通常添加两种功能的文字:标题和字幕。

标题(title):通常指的是视频的标题,用于概括视频的主题或内容,是用户第一眼看到的内容,需要具有足够的吸引力。应用类型包括标题、副标题、落版标题等,可以静态呈现,也可以动态呈现。

字幕(caption):通常指的是配合画面的说明文字,用于解释、描述画面中的内容或提供额外的信息。应用类型主要包括解说文字、演职员表、唱词、对白、说明词、人物介绍、地名、年代,等等。字幕应完整传达视频素材的内容和意图,并应该与音频一致,音画同步。

字幕主要由两种技术实现类型:内嵌字幕指的是视频文件和字幕文件已经集成到了一起,无法分离。而外挂字幕则是视频文件和字幕文件分离,播放的时候要导入字幕文件。目前主流的播放软件都支持外挂 srt、ass、smi、rt、txt、idx+sub 等格式的字幕文件。

4)实验步骤

步骤 1:启动 PR,依次选择菜单栏中的"文件"→"新建"→"新建项目"选项,创建"实验 5-7"项目,选择"编辑"工作区。在"项目"窗口中导入实验素材,并基于歌曲音频新建一个帧大小为 1920×1080,像素长宽比为方形像素(1.0),帧频为 25 帧/秒的序列,命名为"MV",具体操作如图 5-60 所示。

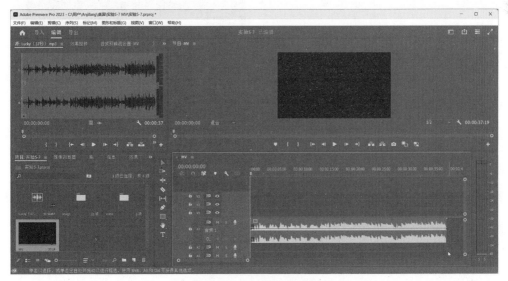

图 5-60　新建项目及序列

步骤 2:在时间线上选择 A1 轨道的音频,打开左上方的"文本"窗口(如未看到"文本"窗口，可在"窗口"菜单中勾选打开它），该窗口中有"转录文本""字幕"和"图形"3个选项卡。其中，"转录文本"功能可对音频轨道进行语音到文本的自动转录（注：此功能需Adobe Speech to Text for Premiere 模块的支持），如图 5-61 所示。

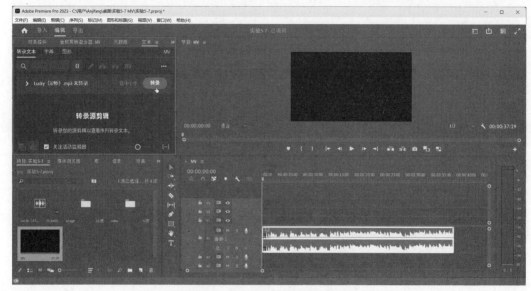

图 5-61 "文本"窗口的转录文本功能

步骤 3：在"转录"前，可单击"转录文本"右上角的设置按钮，设置转录语言、发言者标签、导出格式等选项，如图 5-62 所示。单击"转录"按钮开始转录。

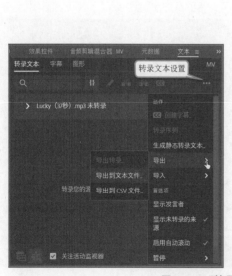
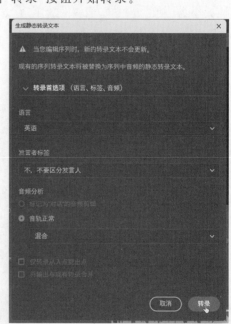

图 5-62 "转录文本"选项设置

步骤 4：转录后的文本如图 5-63 所示，可依据素材文件夹中的歌词进行校对。双击文本,即可对转录错误的文字进行修改。

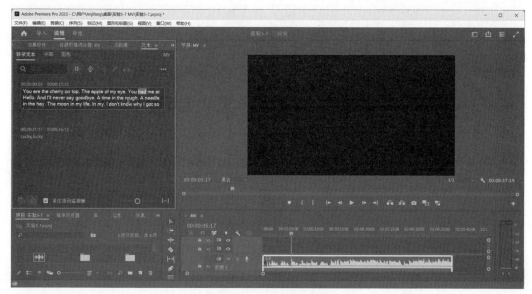

图 5-63 转录结果校对

步骤 5:在"文本"窗口的"字幕"选项卡中选择"从转录文本创建字幕",在打开的"创建字幕"窗口中设置字幕格式。具体操作如图 5-64 所示。生成后的字幕及字幕轨道如图 5-65 所示。

图 5-64 从转录文本创建字幕

步骤 6:选中字幕轨道的字幕块,双击后打开"基本图形"窗口,即可对字幕样式进行编辑。具体操作如图 5-66 所示。

步骤 7:在"基本图形"的浏览窗口中选择本地动态图形模板中的"现代标题",将其

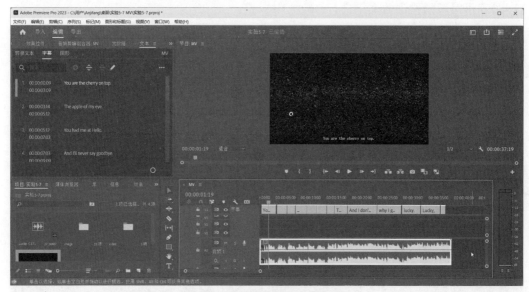

图 5-65　生成字幕及字幕轨道

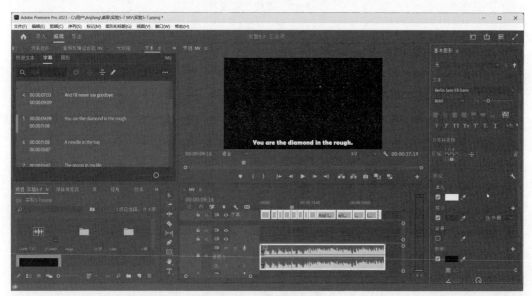

图 5-66　编辑字幕样式

拖放到视频轨道 V2 上，修改文字内容及样式，形成 MV 的视频标题，具体操作如图 5-67 所示。

步骤 8：最后，使用素材文件夹中的图像和视频，在 V1 轨道上添加对应的画面信息，并适当添加视频效果及视频过渡效果，达到音画字幕的一致表达，操作示例如图 5-68 所示。

步骤 9：创建完 MV 序列后，依次选择"文件"→"保存"，保存当前的.prproj 项目文件。最后，选择"文件"→"导出"→"媒体"，将作品导出为 H.264 编码的 mp4 文件，具体

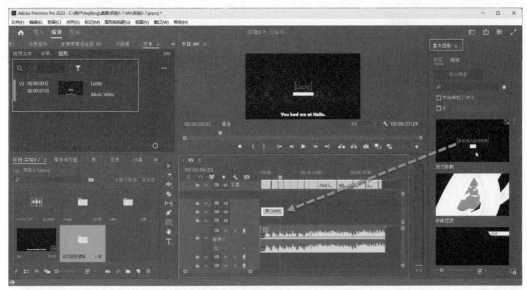

图 5-67　使用动态图形模板创建标题

图 5-68　视频画面剪辑

操作如图 5-69 所示。

实验 5-8: 数字人口播视频

实验 5-8

1) 实验要求

使用素材文件夹"实验 5-8"中的文字脚本及视频素材制作一段数字人口播短视频
(9:16 竖版),实验结果导出格式为 mp4。

2) 实验目的

了解数字人制作技术及产品,学习数字人口播视频的基本制作方法。

图 5-69　导出媒体

3）预备知识

数字人是采用语音交互、虚拟形象模型生成等多项 AI 技术生成的虚拟人物。它具有拟人或真人的外貌及行为，可以通过输入文本或上传音频进行驱动，并且能够实现唇形语音同步，动作流畅、表情丰富、声音自然。

与传统的录制相比，数字人无须拍摄、自动生成，即可以轻松打造完美形象，并且人物形象和背景可任意切换，解决了许多传统录制高成本、低效率的问题。

目前，数字人制作产品多种多样。本实验使用剪映专业版完成演示。

4）实验步骤

步骤 1：安装并启动剪映专业版，启动窗口如图 5-70 所示。单击"图文成片"，开始一个数字人口播短视频工程。

步骤 2：剪映的"图文成片"功能可以利用 AI 技术智能撰写文案，也可以自由编辑方案，从而形成视频工程。本实验使用已有的文字脚本作为"自由编辑"的文案，如图 5-71 所示。在窗口右下角选择旁白音色，并选择"使用本地素材"作为视频的成片方式。

步骤 3：通过"图文成片"并使用本地素材生成的视频工程如图 5-72 所示。在时间线上，已有自动生成的旁白语音轨道及对应字幕轨道，还有自动匹配的背景音乐轨道。在"导入"窗口中导入本地背景音乐及视频素材。

步骤 4：在播放器窗口的右下方选择将视频宽高比设置为 9∶16，以适应移动端竖版浏览。在时间线上，将背景音乐替换为本地的 25s BGM.mp3。以字幕轨道作为驱动生成数字人口播轨道的视频。拖动选择字幕轨道的所有字幕块，在右上方的"数字人"窗口中可以选择一个数字人形象，具体操作如图 5-73 所示。

步骤 5：单击"数字人"窗口的"添加数字人"按钮，时间线上会生成数字人口播视频轨道，此数字人的口型与字幕文本一致。单击数字人轨道，右上方的窗口中提供了多个功能窗口，可以设置数字人形象及景别、修改画面设置、换音色、添加动画等，具体操作如

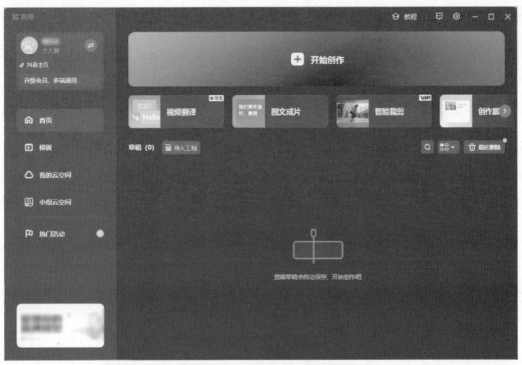

图 5-70　剪映专业版启动窗口

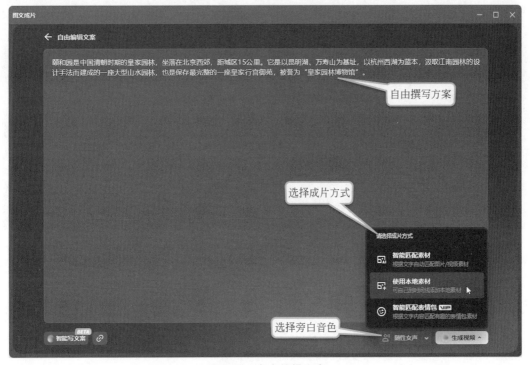

图 5-71　自由编辑文案

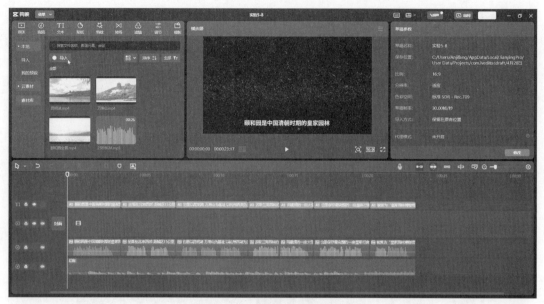

图 5-72　图文成片的时间线

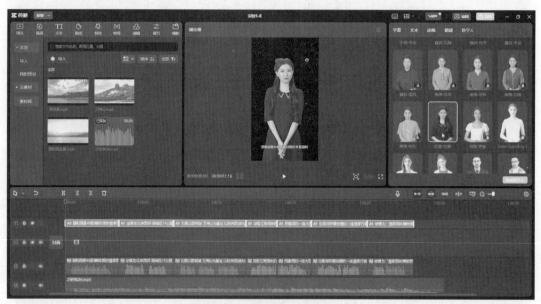

图 5-73　字幕驱动创建数字人

图 5-74 所示。因前面的步骤已经生成了旁白语音轨道，生成数字人时又创建了一条语音轨道，可以选择将前面生成的语音轨道删除或静音。

　　步骤 6：时间线带有"封面"二字的是短视频的主轨道，依据文本内容添加对应的视频内容，完成主轨道的编辑，单击主轨道上的剪辑时，右上方的窗口中提供了画面、音频、变速、动画、调色、AI 效果等多种功能，具体操作如图 5-75 所示。

　　步骤 7：在左上方菜单栏中选择"文本"功能，为短视频添加"花字"片名，将其放置到

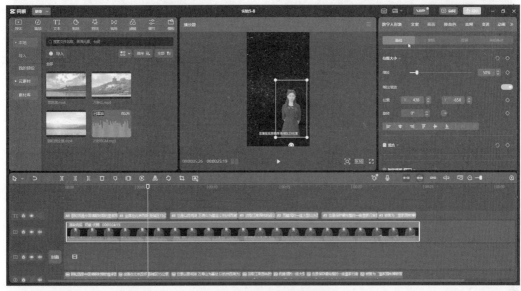

图 5-74　数字人轨道的编辑

图 5-75　主轨道的编辑

时间线的最上方轨道,调整位置,并将其时间拖到片尾。具体操作如图 5-76 所示。

步骤 8:基本剪辑工作完成后,可以通过剪映提供的"贴纸""特效""转场""滤镜""调节"等功能模块完成短视频的效果提升,还可单击时间线上的"封面"二字设置短视频的封面图像。最后,单击右上角的"导出"按钮,导出短视频并发布作品,具体操作如图 5-77 所示。

图 5-76　添加文本

图 5-77　导出并发布作品

实验 5-9

实验 5-9: 花瓣飘飞特效

1) 实验要求

使用 After Effects 的模拟仿真特效,为素材文件夹"实验 5-9"中的视频片段制作花瓣飘飞的特效。为了完成花瓣飘飞的效果,已预先准备了背景透明的花瓣素材,实验示例效果如图 5-78 所示。

2) 实验目的

学习 After Effects 的模拟仿真特效及基本实现方法。

图 5-78　实验素材及结果示例

3）预备知识

After Effects 中的"模拟"特效可以完成许多逼真的模拟仿真效果。After Effects 2023 "标准"工作区的"效果"菜单→"模拟"包含的效果如图 5-79(a)所示。同时，也可以在"效果和预设"窗口中看到 After Effects 支持的所有效果及动画预设，如图 5-79(b)所示，其中的效果库与菜单栏中相同。

例如，对一段视频素材添加"CC Rainfall(下雨)"特效(有 3 种添加方式，拖动"效果"到画面、图层名称或时间线的图层上方均可，如图 5-81 所示)，就可以得到下雨场景。并且，通过在"标准"工作区左上角的"效果控件"窗口中修改特效的各种参数，可以得到不同速度、风向、雨量的下雨效果。

又如，在一个纯色图层上添加"粒子运动场"特效，可以产生大量运动的二维粒子，通过对粒子的颜色、形状、产生方式等进行设置，可以制作多种粒子运动效果，效果示例如图 5-81 所示。

另外，在"模拟"类特效中，CC Particle Systems Ⅱ 是一种二维粒子运动系统，而 CC Particle World 是一种三维粒子特效，实验 5-9 是使用 After Effects 内置的模拟特效 CC Particle World 来实现的。After Effects 2023 内置的其他几种模拟效果示例如图 5-82 所示。

除此之外，使用扩展插件产品可以丰富 After Effects 的模拟仿真效果。例如，Trapcode Particular 是 RED GIANT(红巨人)出品的基于 Adobe After Effects 的 3D 粒子系统，它可以产生各种各样的自然效果，像烟、火、闪光等，也可以产生高科技风格的图形效果，非常适合进行运动的图形设计，还可将其他层作为贴图，使用不同参数，从而进行无止境的独特设计。

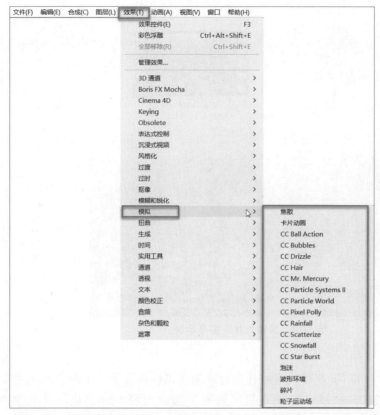

图 5-79　After Effects 2023 的"效果"菜单及"效果和预设"窗口

图 5-80　CC Rainfall 效果示例

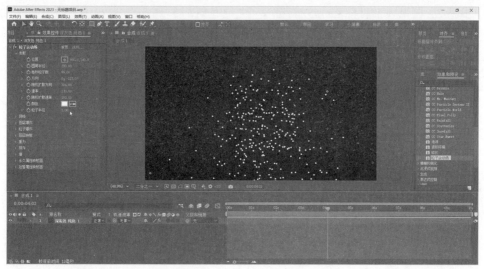

图 5-81 "粒子运动场"效果示例

图 5-82 After Effects 的几种模拟特效示例

4）实验步骤

步骤1：启动 After Effects，新建一个项目，导入视频素材及花瓣图像素材。在"标准"工作区的"项目"窗口中基于"实验 5-9 素材.mp4"新建一个合成，将合成名称修改为"花瓣飘飞特效"，具体操作如图 5-83 所示。

图 5-83 导入素材并新建合成

步骤2：在视频素材图层上方新建一个"纯色"图层，用来作为花瓣飘飞的承载层。具体操作如图5-84所示。

图5-84 新建"纯色"层

步骤3：在合成窗口中选择"纯色"层，在"效果与预设"窗口中选择"模拟"→"CC Particle World"效果，将其拖动到纯色层上。在"预览"窗口中单击"播放"按钮，可以看到默认的粒子效果，发射点在中间，向外发射粒子，粒子受重力影响向下掉落。左上方的"效果控件"窗口中列出了此效果的多类效果参数，窗口信息如图5-85所示。

图5-85 添加CC Particle World效果

具体效果参数如下所示。

（1）Grid & Guides（网格与参考线）：设置网格与参考线的各项数值。

（2）Birth Rate（出生率）：设置粒子产生的数量。

（3）Longevity（寿命）：设置粒子的存活时间，其单位为秒。

（4）Producer（发生器）：设置粒子产生的位置及范围。

（5）Physics（物理性质）：主要用于设置粒子的运动效果。

① Animation（动画）：在右侧的下拉列表中可以选择粒子的运动方式。

② Velocity（速度）：设置粒子的发射速度。数值越大，粒子就飞散得越高越远；反之，粒子就飞散得越低越近。

③ Inherit Velocity %（继承的速率）：控制子粒子从主粒子继承的速率大小。

④ Gravity（重力）：为粒子添加重力。当数值为负数时，粒子就向上运动。

⑤ Resistance（阻力）：设置粒子产生时的阻力。数值越大，粒子发射的速度就越小。

⑥ Extra（追加）：设置粒子的扭曲程度。只有在 Animation（动画）的粒子方式不是 Explosive（爆炸）时，Extra（追加）和 Extra Angel（追加角度）才可以使用。

⑦ Extra Angel（追加角度）：设置粒子的旋转角度。

（6）Particle（粒子）：主要用于设置粒子的纹理、形状以及颜色等。

① Particle Type（粒子类型）：在右侧的下拉列表中可以选择其中一种类型作为要产生的粒子的类型。

② Texture（纹理）：设置粒子的材质贴图。该项只有当 Particle Type（粒子类型）为纹理时才可以使用。

③ Max Opacity（最大不透明度）：设置粒子的不透明度。

④ Color Map（颜色贴图）：在右侧的下拉列表中可以选择粒子贴图的类型。

⑤ Birth Color（产生颜色）：设置刚产生的粒子的颜色。

⑥ Death Color（死亡颜色）：设置即将死亡的粒子的颜色。

⑦ Volume Shade（体积阴影）：设置粒子的阴影。

⑧ Transfer Mode（叠加模式）：设置粒子之间的叠加模式。

步骤 4：为了使发射出的粒子变为自定义的花瓣，需要为每一粒子进行贴图。打开"项目"窗口，将花瓣图像拖动到合成窗口的"纯色"层上方。这个花瓣图像仅仅是作为 CC Particle World 效果的粒子材质贴图使用的，选择将花瓣图层隐藏即可，具体操作如图 5-86 所示。

步骤 5：选择粒子所在的纯色层，通过修改"效果控件"窗口中 CC Particle World 效果器的各项参数，可以获得不同的粒子效果。其中，使用"花瓣.png"图像作为粒子材质贴图，需要修改的参数如下。

（1）Particle Type（粒子类型）：Textured QuadPolygon（有纹理的多边形）。

（2）Texture（纹理）：花瓣所在的图层"花瓣.png"。

然后，通过修改发射器类型、发射器尺寸、粒子尺寸、粒子随机旋转、粒子不透明随机、物理学重力等参数，将效果调整为模拟真实花瓣下落的状态，示例操作如图 5-87 所示。

步骤 6：完成特效制作后，在"文件"菜单中依次选择"导出"→"添加到 Adobe Media Encoder 队列"，将新建的合成"花瓣飘飞特效"导出为 H.264 编码的 mp4 文件，导出队列

图 5-86　添加花瓣图层并隐藏

图 5-87　调整效果参数

如图 5-88 所示。

实验 5-10

实验 5-10: 动态文字特效

1）实验要求

为"多媒体技术"这几个字制作不同的动态特效（包括冲屏、跟随路径运动、破碎）。

2）实验目的

学习 After Effects 文字特效的基本制作方法。

图 5-88　导出成片

3）预备知识

After Effects 常被称为"会动的 PS"，它非常擅长制作片头文字动画。After Effects 制作的常见文字动画包括基本的文字动画（如弹跳文字、冲屏、文字淡入淡出等）；文字 3D 效果；文字扫光特效；文字跟随路径运动；文字破碎特效；文字粒子特效等，通过多种令人耳目一新的动态来提升视觉效果。

4）实验步骤

步骤 1：启动 After Effects，新建一个项目，并在项目中新建一个时长 1s 的合成，命名为"冲屏"，具体操作如图 5-89 所示。

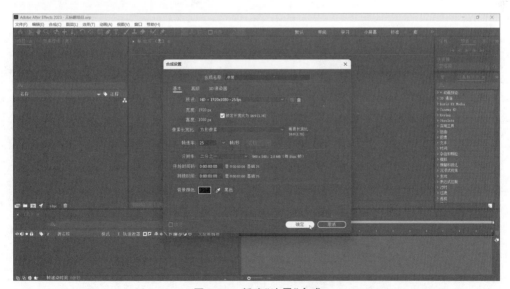

图 5-89　新建"冲屏"合成

步骤2：在"冲屏"合成中新建"文本"层，添加"多媒体技术"文本，在"标准"工作区右侧的"属性"窗口中修改文本的"字体""大小"等属性。在合成窗口中展开文本的"变换"属性，将"锚点"调整到文本的中间位置，具体操作如图5-90所示。

图 5-90　新建"文本"层

步骤3：为文本-变换的"缩放"属性启用"时间变化秒表"。在时间线上为其添加两个关键帧，两个关键帧之间的时长即为冲屏时长，并将起始帧的缩放值设为"5000"，结束帧的缩放值保持在"100"。在文本层上启用"运动模糊"选项，可以模拟快门持续时间，使冲屏效果更有真实感。具体操作如图5-91所示。

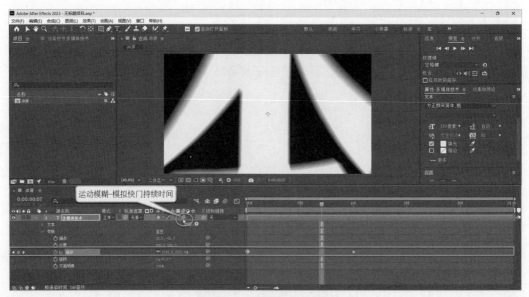

图 5-91　文本冲屏动态效果

步骤 4：在"项目"窗口中新建一个 5s 的合成，命名为"跟随路径"。新建"多媒体技术"文本层。保持文本图层的选中状态，使用上方工具栏中的"形状"或"钢笔工具"，在合成窗口中绘制一个"蒙版 1"，如图 5-92 所示。本实验演示选择"椭圆工具"，使用"钢笔工具"则可以绘制任意路径。

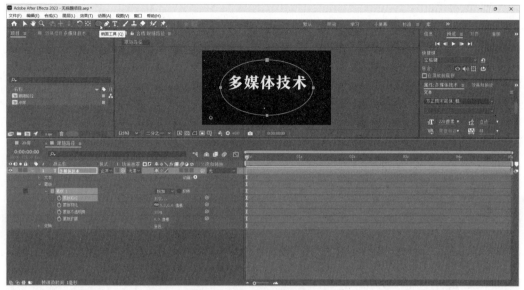

图 5-92　为文本添加形状蒙版

步骤 5：在文本层的"路径选项"中将路径设置为"蒙版 1"，并为"首字边距"设置关键帧动画，变换"首字边距"取值，文字就会沿蒙版 1 的路径运动起来，具体操作如图 5-93 所示，修改"反转路径""垂直于路径"等选项，还可以获得不同的运动效果。

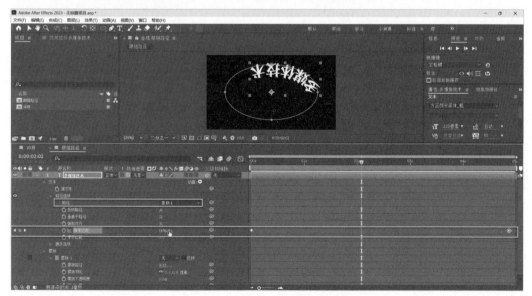

图 5-93　文本跟随路径运动效果

步骤6：在"项目"窗口中新建一个1s的合成，命名为"破碎"。新建"多媒体技术"文本层，并在"效果和预设"窗口中选择"模拟"—"碎片"效果，将其添加到文本图层上。在"效果控件"窗口中将"碎片"效果的"视图"修改为"已渲染"，可以看到渲染后的碎片文字效果，具体操作如图5-94所示。通过修改"形状""作用力""物理学"等效果参数能够得到更多碎片效果。

图5-94 为文本添加"碎片"效果

步骤7：将文本图层复制两层，每一层调整不同的碎片效果属性，获得不同碎片形状、受力的碎片，将其叠加在一起，形成更加丰富的文字破碎效果，具体操作如图5-95所示。

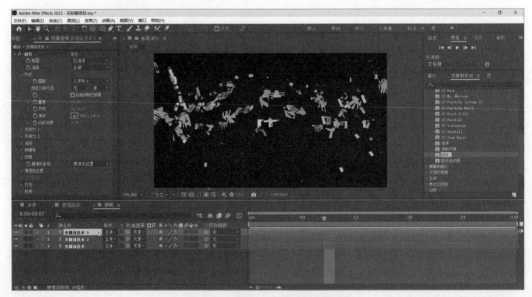

图5-95 多层文字碎片效果叠加

步骤 8：另外，After Effects 的"效果和预设"窗口还提供了大量文本动画预设，如图 5-96 所示。综合应用各种效果制作方法，可以制作丰富多彩的文本动态效果。

图 5-96　文本动画预设

实验 5-11: 特效片头

实验 5-11

1）实验要求

使用"实验 5-11"中的素材，以"开场 15 秒背景音乐"为基础，制作一个包含水墨开场、扫光文字、粒子跟随等效果的片头，示例画面如图 5-97 所示。最终作品导出为 mp4 格式。

图 5-97　实验 5-11 示例

2）实验目的

学习常见特效的制作方法（包括水墨开场、扫光文字、粒子跟随等）。

3）实验步骤

步骤 1：启动 After Effects，选择"新建项目"，将工作区设置为"标准"工作区，如图 5-98 所示，并在"项目"窗口中双击导入素材。

步骤 2：在"项目"窗口中右击"开场 15 秒背景音乐.wav"，选择"基于所选项新建合成"，如图 5-99 所示，创建了一个同名称的新合成，将其修改为"总合成"。将背景音乐素

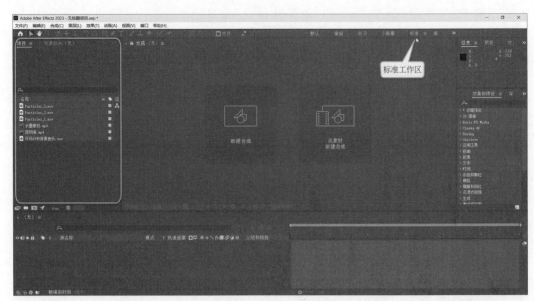

图 5-98　"标准"工作区

材拖动到"总合成"窗口，单击"空格键"预览，并拖动"标记素材箱"到需要切换画面的位置，添加合成标记。后续按照这个标记将片头制作为两段画面，最终将"水墨开场"和"片名"两个合成连接在一起，得到总合成，即"总合成(15s)＝水墨开场合成(9s)＋片名合成(6s)"。

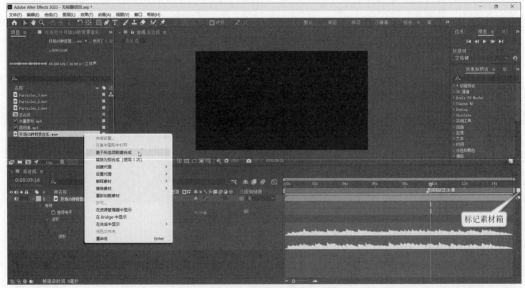

图 5-99　基于背景音乐新建"总合成"

步骤 3：在"项目"窗口中右击"昆明湖.mp4"，选择基于它创建一个新合成，并将新合成的名称重命名为"水墨开场"。具体操作如图 5-100 所示。

步骤 4：将"项目"窗口中的"水墨素材.mp4"拖放到合成窗口，置于"昆明湖.mp4"上

图 5-100　新建"水墨开场"合成

方。此时,黑白两色构成的水墨素材将下方视频完全遮罩。在"昆明湖.mp4"图层开启
"轨道遮罩"功能,选择以"水墨素材.mp4"作为其"亮度遮罩"的蒙版,此时,水墨素材的白
色区域(白色亮度为 100%,黑色亮度为 0%)就透出了下方图层的内容,具体操作如图 5-101
所示(注:在合成窗口左下方的选项中,需展开"转换控制"窗格才能够看到各图层的"轨道
遮罩"选项)。

图 5-101　"轨道遮罩"控制

　　步骤 5:展开"水墨素材.mp4"的"变换"属性,单击"缩放"前面的"时间变化秒表",在
"缩放"属性的时间线上添加两个关键帧,并设置起始帧 100%缩放,结束帧 300%缩放,

从而达到水墨素材逐渐放大全屏的动画效果，具体缩放动画设置如图 5-102 所示。

图 5-102　添加"缩放"动画

步骤 6：在"项目"窗口右击，新建合成"片名"，并设置合成的持续时间为 6s。其他设置与总合成一致即可。"合成设置"窗口如图 5-103 所示。单击"确定"按钮完成新建合成。

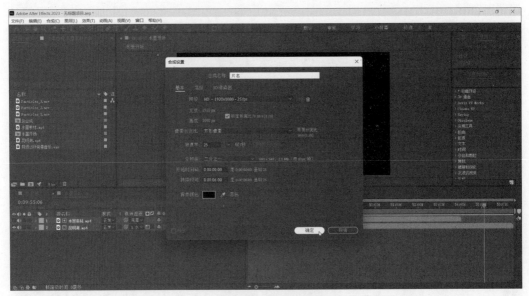

图 5-103　新建合成

步骤 7：在"片名"合成窗口右击，新建"文本"，并在预览窗格使用"文本"工具输入文字，选择文字，在右边的"属性"和"对齐"窗口中设置文字样式及对齐方式，将其放置在屏幕中心位置，具体操作如图 5-104 所示。

图 5-104　在合成上新建"文本"

步骤 8：在右侧"效果和预设"窗口中选择"风格化—彩色浮雕"效果，将其应用到"颐和园"文字上（拖动效果到该图层上），在左上方"效果控件"窗口中可调整"彩色浮雕"效果参数，达到更好的立体效果。

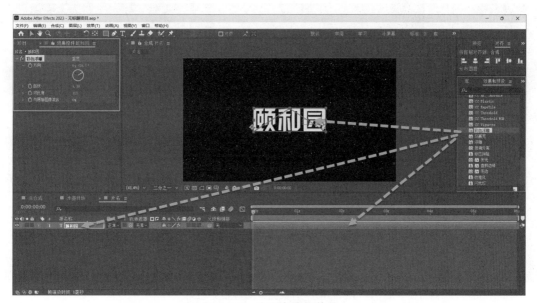

图 5-105　为文本添加效果

步骤 9：打开"颐和园"文本的"3D图层"，而后在"片名"合成上新建"灯光"，灯光类型为"聚光"。通过这个虚拟的聚光灯模拟光线扫过文字的效果。具体设置如图 5-106 所示。

步骤 10：为聚光灯设置"位置"和"目标点"的关键帧动画，使其扫过文字，达到虚拟

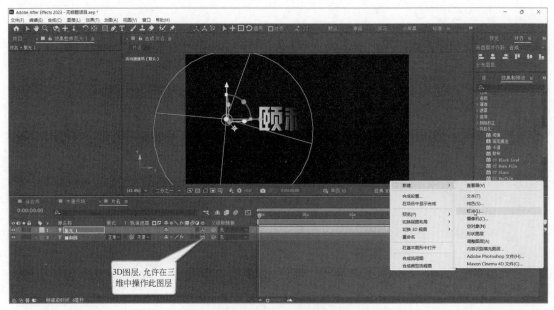

图 5-106　新建聚光灯照射三维文字

扫光特效。具体设置如图 5-107 所示。

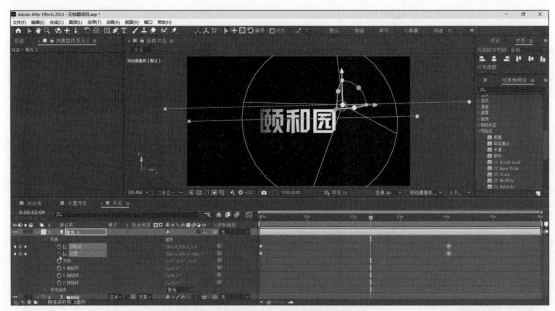

图 5-107　为聚光灯设置扫光动画

步骤 11：将粒子素材拖动到"片名"合成，放置于最上方，用于实现粒子跟随文字的效果。粒子的位置、缩放、不透明度等可根据需要调整。具体设置效果如图 5-108 所示。至此，"片名"合成创建完成。

步骤 12：打开"总合成"，将"水墨开场"和"片名"合成进行组合，使其与开场 15s 背景音乐的节奏相符，音画切换位置一致，达到更好的视听传达效果，具体操作如图 5-109 所示。

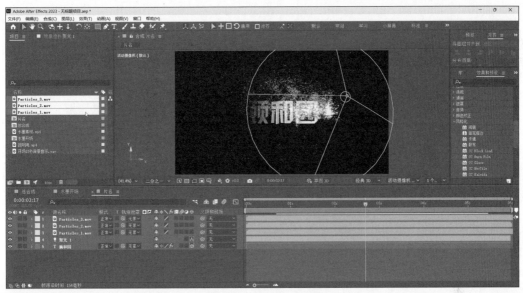

图 5-108　添加粒子跟随

图 5-109　完成总合成

　　步骤 13：依次选择"文件"→"保存"，保存当前的.aep 项目文件，并可以选择"文件"→"整理工程（文件）"，将实验 5-11 用到的所有素材及工程文件打包保存。在"项目"窗口中选择"总合成"，依次选择"文件"→"导出"→"添加到 Adobe Media Encoder 队列"，可将总合成导出为 H.264 编码的 mp4 文件，具体操作如图 5-110 所示。

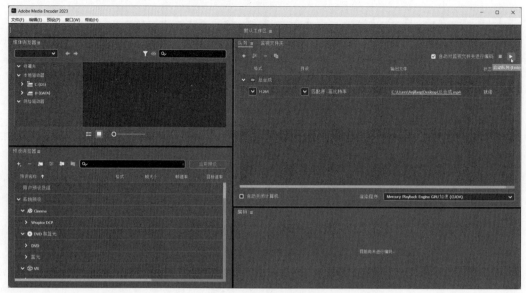

图 5-110　编码导出

5.5　习　　题

1. 单选题

（1）我国的电视视频制式是（　　）。

　　A. PAL　　　　　　　B. NTSC　　　　　　C. MPEG　　　　　D. SECAM

（2）目前，在数字视频信号中，能够称得上 HDTV（高清）的分辨率最低需要达到
（　　）。

　　A. 640×480 像素　　　　　　　　B. 720×576 像素

　　C. 1280×720 像素　　　　　　　 D. 1920×1080 像素

（3）在同样的分辨率、宽高比、制式情况下，（　　）视频文件格式最大。

　　A. avi　　　　　　 B. wmv　　　　　　 C. mp4　　　　　　 D. flv

（4）一个时长 1 分钟，帧频为 30，分辨率为 1920×1080，24 位真彩色的数字视频，未
经任何压缩的数据量是（　　）。

　　A. 约 10GB　　　 B. 约 1GB　　　　 C. 约 100MB　　　 D. 约 10MB

（5）分辨率为 3840×2160 的数字视频节目可以将分辨率简化为（　　）。

　　A. 2K　　　　　　 B. 3K　　　　　　 C. 4K　　　　　　 D. 8K

（6）以下不属于视频制作与处理软件的是（　　）。

　　A. Adobe Illustrator　　　　　　B. Final Cut Pro

　　C. Adobe Premiere Pro　　　　　D. Edius

（7）在 Adobe Premiere Pro 中，新建的项目会被存储为（　　）格式的文件。

A. aep　　B. mp4　　C. prproj　　D. sesx

(8) 在 Adobe Premiere Pro 的时间线上,创建和编辑的对象被称为(　　)。

A. 项目　　B. 序列　　C. 图层　　D. 轨道

(9) 在节目窗口中,播放指示器的时间码 00:01:04:29 表示的是(　　)。

A. 1 小时 4 分 29 秒　　B. 1 小时 4 分 29 帧

C. 1 分 4 秒 29 帧　　D. 1 分 4 秒 29 毫秒

(10) 超高清晰度电视一般缩写为(　　)。

A. LDTV　　B. SDTV　　C. HDTV　　D. UHDTV

(11) 国际上常用的视频制式不包括(　　)。

A. PAL　　B. NTSC　　C. SECAM　　D. MPEG

(12) 由图 5-111 中的序列设置参数可以看出,此视频序列的画面宽高比大约为(　　)。

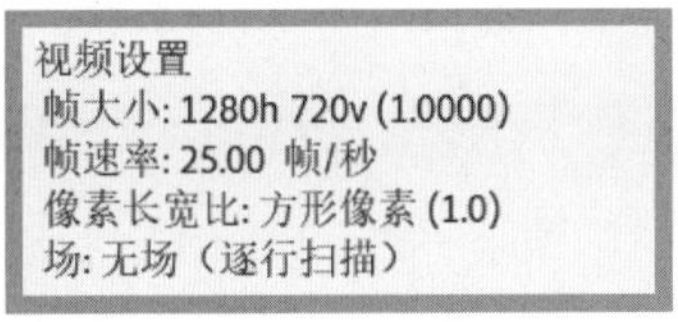
视频设置
帧大小: 1280h 720v (1.0000)
帧速率: 25.00 帧/秒
像素长宽比: 方形像素 (1.0)
场: 无场 (逐行扫描)

图 5-111

A. 1∶1　　B. 4∶3　　C. 5∶4　　D. 16∶9

(13) 某短视频发布平台,为了提高手机用户的观看体验,推荐上传 9∶16 的竖版视频,以下(　　)帧大小不符合要求。

A. 540×960　　B. 720×1280　　C. 1080×1920　　D. 1080×720

(14) 在 PR 中进行一个本地非线性编辑项目时,需要把各种素材导入(　　)窗口。

A. 项目　　B. 源　　C. 节目　　D. 时间线

(15) 在图 5-112 所示的源窗口中,方框标出的是(　　)时间码。

源: V1.mp4
00:21:26:02
适合
1/2
00:00:04:00

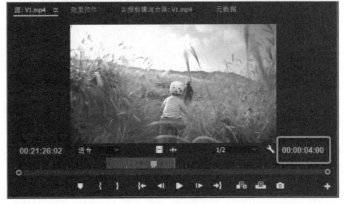

图 5-112

A. 素材 v1.mp4 的原始时长

  B. 当前播放指示器的位置

  C. 素材中"标记入点"与"标记出点"之间的片段时长

  D. 素材的起始时间

（16）为了使镜头的画面衔接切换时更加自然有趣，处理视频时可以使用（ ）效果。

  A. 音频过渡   B. 音频效果   C. 视频效果   D. 视频过渡

（17）Adobe 系列产品中，主要负责各类媒体文件转码的是（ ）。

  A. Adobe After Effects   B. Adobe InDesign

  C. Adobe Media Encoder   D. Adobe Premiere Pro

（18）Adobe After Effects 的项目文件保存格式为（ ）。

  A. prproj   B. psd   C. aep   D. avi

2. 多选题

（1）在 PR 的节目窗口中，如果想把当前播放指示器所在位置的帧画面（图 5-113（a））变为所示结果（图 5-113（b））在效果控件窗口中，需要对哪些运动参数进行设置？

(a)

(b)

图　5-113

  A. 位置   B. 缩放   C. 旋转   D. 锚点

（2）Adobe After Effects 的特长包括（ ）。

  A. 文本动画 B. 粒子特效 C. 模拟仿真 D. 视频剪辑

（3）示例视频的属性信息如图 5-114 所示。关于这个视频，以下说法正确的是（ ）。

  A. 此视频的画面宽高比为 16∶9

B. 此视频的清晰度达到了全高清

C. 此视频每秒帧播放 25 帧画面

D. 此文件的视频和音频被封装为 mp4 格式

图　5-114

附录A 习题答案

第1章

1. 单选题

(1) B   (2) B   (3) A   (4) D   (5) C

2. 多选题

(1) ABCD   (2) ABC

第2章

单选题

(1) B   (2) A   (3) B   (4) B   (5) A   (6) C   (7) A   (8) D   (9) D
(10) A   (11) D   (12) A   (13) D   (14) B   (15) A   (16) C   (17) B   (18) D
(19) A   (20) C   (21) A   (22) D   (23) B   (24) A   (25) D

第3章

单选题

(1) A   (2) D   (3) A   (4) C   (5) B   (6) D   (7) A   (8) C   (9) B
(10) D   (11) D   (12) C   (13) C   (14) A   (15) D   (16) B   (17) C   (18) C
(19) C   (20) A

第4章

1. 单选题

(1) C   (2) A   (3) C   (4) D   (5) C   (6) C   (7) D   (8) B   (9) A
(10) C

2. 多选题

(1) ABCD   (2) ABC   (3) ABCD

第5章

1. 单选题

(1) A   (2) C   (3) A   (4) A   (5) C   (6) A   (7) C   (8) B   (9) C
(10) D   (11) D   (12) D   (13) D   (14) A   (15) C   (16) D   (17) C   (18) C

2. 多选题

(1) AB   (2) ABC   (3) ABCD

参 考 文 献

［1］ STEINMETZ R,NAHRSTEDT K. 多媒体技术：计算、通信和应用［M］.潘志庚,等译. 北京：清华大学出版社,2000.

［2］ 林福宗. 多媒体技术基础［M］. 4 版. 北京：清华大学出版社,2017.

［3］ 史创明. Adobe Audition 音频编辑案例教学经典教程［M］. 北京：清华大学出版社,2018.

［4］ CHAVEZ C. Adobe Photoshop 2023 经典教程［M］. 张海燕,译. 北京：人民邮电出版社,2023.

［5］ CHUN R. Adobe Animate 2022 经典教程［M］. 武传海,译. 北京：人民邮电出版社,2023.

［6］ GYNCILD B,FRIDSMA L. Adobe After Effects 2023 经典教程［M］. 武传海,译. 北京：人民邮电出版社,2023.

［7］ JAGO M. Adobe Premiere Pro 2022 经典教程［M］. 武传海,译. 北京：人民邮电出版社,2023.

图书资源支持

感谢您一直以来对清华版图书的支持和爱护。为了配合本书的使用，本书提供配套的资源，有需求的读者请扫描下方的"书圈"微信公众号二维码，在图书专区下载，也可以拨打电话或发送电子邮件咨询。

如果您在使用本书的过程中遇到了什么问题，或者有相关图书出版计划，也请您发邮件告诉我们，以便我们更好地为您服务。

我们的联系方式：

清华大学出版社计算机与信息分社网站：https://www.shuimushuhui.com/

地　　址：北京市海淀区双清路学研大厦 A 座 714

邮　　编：100084

电　　话：010-83470236　010-83470237

客服邮箱：2301891038@qq.com

QQ：2301891038（请写明您的单位和姓名）

资源下载：关注公众号"书圈"下载配套资源。

资源下载、样书申请

图书案例

书圈

清华计算机学堂

观看课程直播